VDI-Buch

Weitere Bände in der Reihe http://www.springer.com/series/3482

Fritz Klocke

Fertigungsverfahren 5

Gießen und Pulvermetallurgie

5. Auflage

Fritz Klocke
Lehrstuhl für Technologie der
Fertigungsverfahren
RWTH Aachen University
Aachen
Deutschland

Die Darstellung von manchen Formeln und Strukturelementen war in einigen elektronischen Ausgaben nicht korrekt, dies ist nun korrigiert. Wir bitten damit verbundene Unannehmlichkeiten zu entschuldigen und danken den Lesern für Hinweise.

ISBN 978-3-662-54727-4 ISBN 978-3-662-54728-1 (eBook)
https://doi.org/10.1007/978-3-662-54728-1

Die Deutsche Nationalbibliothek verzeichnet diese Publikation in der Deutschen Nationalbibliografie; detaillierte bibliografische Daten sind im Internet über http://dnb.d-nb.de abrufbar.

Springer Vieweg

Ursprünglich erschienen unter König, W.; Klocke, F.

Gedruckt auf säurefreiem und chlorfrei gebleichtem Papier

Springer Vieweg ist ein Imprint der eingetragenen Gesellschaft Springer-Verlag GmbH, DE und ist ein Teil von Springer Nature.
Die Anschrift der Gesellschaft ist: Heidelberger Platz 3, 14197 Berlin, Germany

Vorwort zum Kompendium „Fertigungsverfahren“

Verfahrensauswahl und Verfahrensgestaltung sind Schlüsselfunktionen für die wirtschaftliche Herstellung hochqualitativer Produkte, sowohl in der Industrie als auch im Handwerk. Kenntnisse über die Technologie der Fertigungsverfahren gehören zum elementaren Rüstzeug eines jeden Betriebsingenieurs, aber auch Konstrukteure müssen sich in diesem Bereich orientieren, da auch bei ihnen eine hohe Verantwortung für die Herstellkosten liegt.

Studierende und der um seine Fortbildung bemühte Praktiker stehen gleichermaßen vor einer Fülle von Literatur, die nur schwer zu überschauen ist. Das vorliegende Kompendium hat die Intention, dem interessierten Leser einen guten Überblick über das Gebiet zu geben und den noch unentschlossenen Studierenden zu begeistern, physikalische Wirkzusammenhänge zu erkennen und diese durch den geschickten fertigungstechnischen Einsatz erfolgreich für die Industrie nutzbar zu machen. In diesem Sinne ist es mein Anliegen, über die Beschreibung der einzelnen Verfahrensprinzipien hinaus, vor allem grundsätzliche Einblicke in die den Technologien zu Grunde liegenden Wirkmechanismen zu vermitteln.

In jedem Band werden Verfahrensgruppen mit ähnlichem Wirkprinzip zusammengefasst. Die Aufteilung des umfangreichen Stoffs der spanabhebenden Fertigungsverfahren erfolgt getrennt auf zwei Bände: Zerspanung mit geometrisch bestimmter Schneide und Zerspanung mit geometrisch unbestimmter Schneide. Ultraschallunterstützte Zerspanprozesse werden ebenfalls behandelt. Ein weiterer Band behandelt das Abtragen und die Lasermaterialbearbeitung. Hier sind auch die laserunterstützten Prozesse integriert. Die umformenden Fertigungsverfahren, Massivumformung, Blechumformung und Blechtrennung, wurden in einem weiteren Band zusammengeführt und in Band 5 wird ein Überblick über wichtige Gießverfahren und die Prinzipien der Pulvermetallurgie gegeben. Die Aufteilung der Reihe „Fertigungsverfahren“ liegt damit wie folgt vor:

Band 1: Zerspanung mit geometrisch bestimmter Schneide
Band 2: Zerspanung mit geometrisch unbestimmter Schneide
Band 3: Abtragen und Lasermaterialbearbeitung

Band 4: Umformen
Band 5: Gießen und Pulvermetallurgie

Im ersten Band ist ein verfahrensübergreifender Abschnitt zur Fertigungsmesstechnik und Werkstückqualität dem weiteren Inhalt vorangestellt. Innerhalb der einzelnen Bände wurde Wert darauf gelegt, eine enzyklopädische Verfahrensaufzählung zu vermeiden. Dies gelang durch eine logische Struktur, die sich am Wirkprinzip der Technologien orientiert.

Diese Vorgehensweise hat sich aus didaktischen Gründen in der Hochschulpraxis bestens bewährt. Daran schließt sich die Ableitung der Werkzeugbeanspruchungen und die einsatzgerechte Werkzeuggestaltung an. Abschließend werden die einzelnen Verfahrensvarianten im Detail erklärt.

Das Kompendium richtet sich an Ingenieure und Studenten der Ingenieurwissenschaften der Bereiche Produktionstechnik, Fertigungstechnik sowie Konstruktion und Produktentwicklung. Dem Betriebsingenieur soll das Kompendium zur Auffrischung und Erweiterung seiner Kenntnisse unterstützend und hilfreich zur Seite stehen. Ich wünsche den Lesern, dass dieses Buch ihnen Wege bietet, auf denen sie durch ingenieurmäßiges Denken zu erfolgreichem Handeln geführt werden.

Aachen, Februar 2018 FRITZ KLOCKE

Vorwort zum Band 5 „Gießen und Pulvermetallurgie"

Der vorliegende Band „Gießen und Pulvermetallurgie" des Kompendiums „Fertigungstechnik" beschäftigt sich mit den Möglichkeiten und Grenzen der urformenden Fertigung. Die Leser sollen einen Einblick in die Grundzüge dieser Fertigungsverfahren erhalten, um mit einem grundlegenden Verständnis Fähigkeiten zu entwickeln, urformende Fertigungsverfahren zu bewerten und als Fertigungstechnologien zur industriellen Produktion in Erwägung zu ziehen.

Das Buch wendet sich sowohl an Studierende der Ingenieurwissenschaften als auch an die in der Praxis tätigen Ingenieure. Als Basis für dieses Buch dienen die Vorlesungen in Fertigungstechnik sowie die dazugehörigen Übungen, die an der RWTH Aachen gehalten werden. Zur Verbesserung des Verständnisses und zur Illustration der Anwendungsmöglichkeiten werden aktuelle Anwendungsbeispiele aus der Praxis gezeigt.

Das vorliegende Werk umfasst die Themengebiete Gießen und Pulvermetallurgie. Vorzugsweise werden die verschiedenen Verfahren mit ihren grundsätzlichen Wirkmechanismen und Anwendungsmöglichkeiten vorgestellt, es wird auf die zu verarbeitenden Werkstoffe eingegangen, und für die Produktentwicklung und die Konstruktion werden Auslegungshinweise gegeben.

Die Gießverfahren werden entlang der Prozesskette, von der Modellherstellung bis zur Nachbearbeitung, am Beispiel des Sandgusses erläutert. Die pulvermetallurgischen Fertigungsverfahren sowie die Verfahrenseigenheiten und –besonderheiten werden ebenfalls an den grundsätzlichen Schritten der Prozesskette erläutert. In einem gesonderten Kapitel wird die Herstellung von sintermetallgebundenen Schleifwerkzeugen dargestellt. Zur Vervollständigung wird in diesem Band auch das Metallpulverspritzgießen behandelt.

Für die Erstellung dieses Bandes möchte ich mich bei meinen Mitarbeitern, den Herren Dr.-Ing. S. Herzhoff, Dipl.-Ing. M. Kampka, Dr.-Ing. P. Kauffmann, T. Frech, M. Sc. und Dr.-Ing Eva Gräser bedanken. Frau Dr.-Ing. Eva Gräser und Herrn T. Frech, M. Sc. gebührt besonderer Dank für die umfangreiche redaktionelle Bearbeitung und das Zusammenführen unterschiedlicher Kapitel.

Aachen, Februar 2018 FRITZ KLOCKE

Inhaltsverzeichnis

1 Einleitung

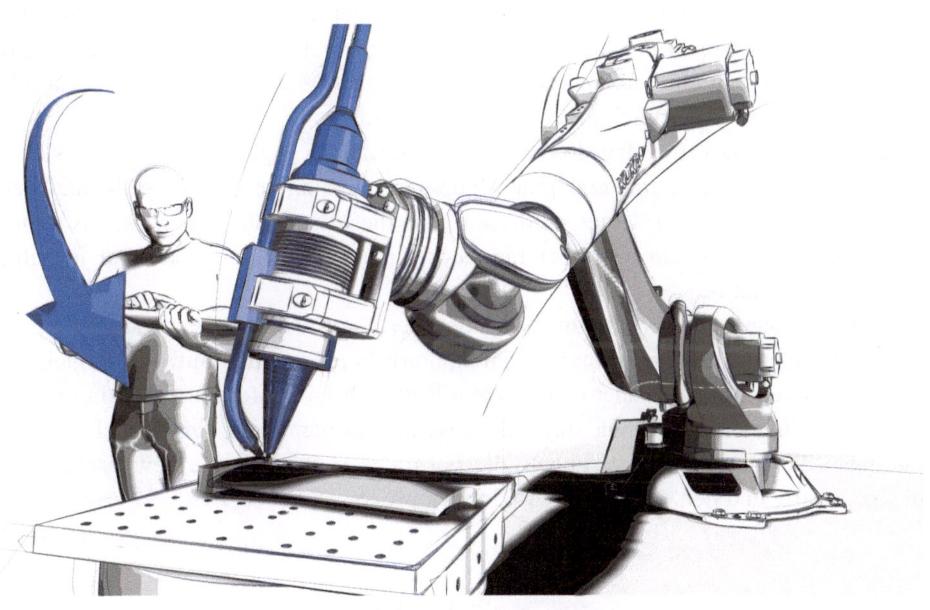

F. Klocke, *Fertigungsverfahren 5*, VDI-Buch,
https://doi.org/10.1007/978-3-662-54728-1_1

Urformen ist nach DIN 8580 „Fertigen eines festen Körpers aus formlosem Stoff durch Schaffen eines Zusammenhalts". Der zur Verarbeitung kommende formlose Stoff kann fest, flüssig oder gasförmig sein, in den Übergangszuständen dampfförmig, breiig oder pastenförmig vorliegen, durch elektrolytisches Abscheiden entstehen oder aus pulvrigem oder körnigem Zustand geformt werden (Abb. 1.1) [DIN8580].

In diesem Band wird auf die Verfahren eingegangen, die aus dem flüssigen Zustand und aus dem pulverförmigen Zustand urformen. All diese Verfahren haben die Möglichkeit, eine endkonturnahe Fertigung des späteren Bauteils zu gewährleisten. Das ist zum Beispiel bei der pulvermetallurgischen Fertigung das Pressen und Sintern eines Ölpumpenrades oder beim Gießen die Herstellung einer LKW-Radnabe durch Sandguss.

Meist muss genau ermittelt werden, wie Nebenformelemente wirtschaftlich eingebracht werden können. Sieht man beispielsweise einen niedrigen Absatz an einem Zahnrad vor, hat man die Möglichkeit, diesen in der Gussform oder im Werkzeug vorzusehen. Dies bedeutet allerdings einen zusätzlichen Aufwand in der Werkzeug- oder der Modellfertigung, der wiederum in der nachfolgenden spanenden Bearbeitung vermieden werden kann. Inwiefern sich ein aufwendigeres Werkzeug bzw. eine aufwendigere Form lohnt, wird daher insbesondere durch die Stückzahl beeinflusst.

Stellt man die urformenden den spanenden Verfahren gegenüber, zeichnen sich die urformenden Verfahren durch eine gute Materialausnutzung aus, da sie größtenteils endkonturnah fertigen. Das bedeutet wiederum, dass die Menge des Materials, das spanend entfernt werden muss, ein wichtiger Indikator für die Wirtschaftlichkeit der jeweiligen Verfahrensauswahl ist.

Betrachtet man hingehen die umformenden Verfahren weisen diese auch die Vorteile der guten Materialausnutzung und der endkonturnahen Fertigung auf. Im Vergleich mit diesen Verfahren spielt es daher eine größere Rolle, ob im Umformprozess ein in großen Mengen produziertes Halbzeug sinnvoll verwendet werden kann. Die Einschränkungen sind dabei die Materialanforderungen, die Form des Halbzeugs, die gewünschte Werkstückgeometrie und der Aufwand eines Umformprozesses.

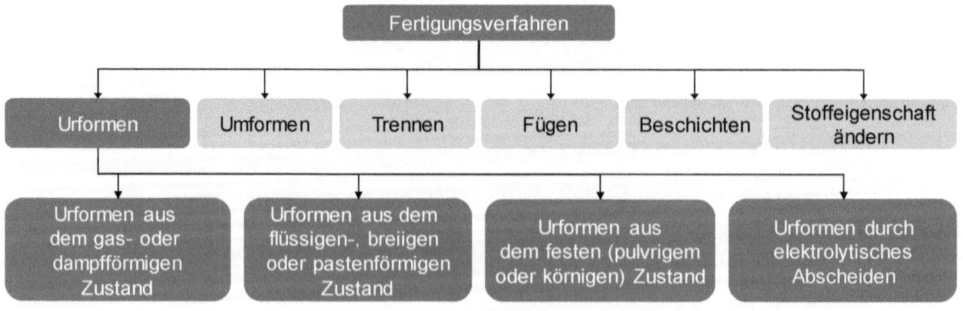

Abb. 1.1 Eingliederung in die DIN 8580

Die hier vorgestellten Verfahren ermöglichen die wirtschaftliche Prototypenfertigung (Vollformguss) bis zur Massenfertigung (Pulverpressen und Druckguss). Mit dem breiten Spektrum bezüglich der Werkstoffauswahl, der Geometrie und der Stückzahlen ist das Urformen seit Jahrtausenden ein wichtiges Fertigungsverfahren und wird diese Bedeutung auch zukünftig haben.

Literatur

[DIN8580] DIN 8580: *Fertigungsverfahren - Begriffe, Einteilung.* Deutsches Institut für Normung (Hrsg.), Berlin: Beuth Verlag, 2003

Gießen

2

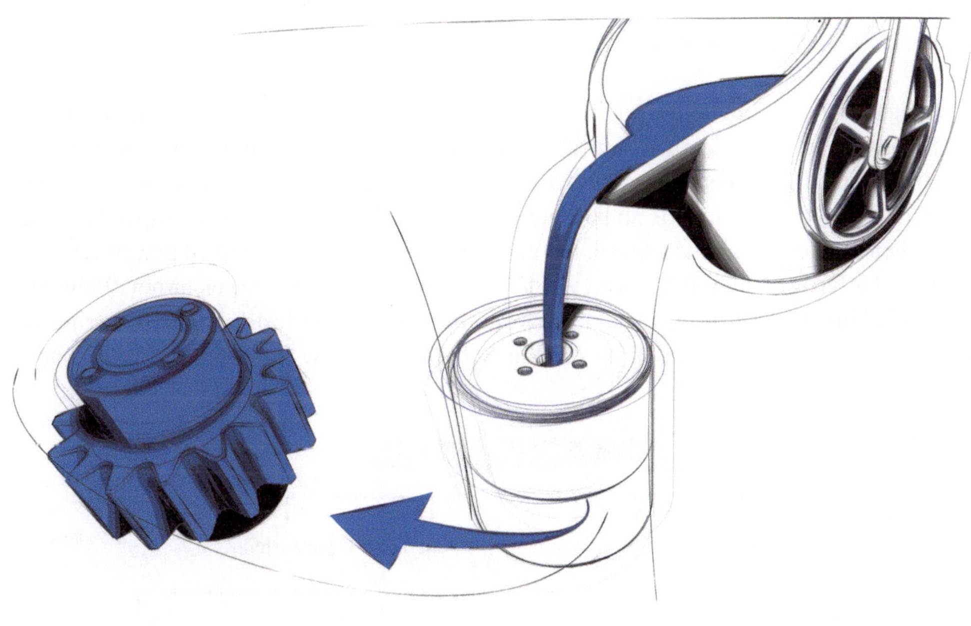

F. Klocke, *Fertigungsverfahren 5*, VDI-Buch,
https://doi.org/10.1007/978-3-662-54728-1_2

Nach DIN 8580 wird Urformen aus dem flüssigen, breiigen oder pastenförmigen Zustand als Gießen bezeichnet (Abb. 2.1) [DIN8580].

Zum Fertigungsprozess Gießen sind ein fließfähiger Werkstoff, die Schmelze, und eine Negativform des zu fertigenden Bauteils erforderlich. Die Form kann entweder als Dauerform mehrere Abgüsse ermöglichen oder sie wird als verlorene Form für jeden Abguss neu angefertigt. Die Formherstellung kann entweder durch direkte mechanische Bearbeitung des Formwerkstoffs (Dauerformen) oder durch Abformen eines Modells in Formstoff (verlorene Formen) erfolgen. Auch bei den Modellen kommen Dauermodelle z. B. aus Holz oder Metall und verlorene Modelle z. B. aus Wachs oder Schaumstoff zum Einsatz. Abhängig davon, welche der oben genannten Formen und Modelle Verwendung finden, werden drei Verfahrensgruppen unterschieden:

- Verfahren mit verlorenen Formen und Dauermodellen,
- Verfahren mit verlorenen Formen und verlorenen Modellen,
- Verfahren mit Dauerformen.

Beim eigentlichen Gießvorgang, der als Abguss bezeichnet wird, fließt die Schmelze in die Form. Damit die Form den mechanischen und thermischen Belastungen standhält, muss die Hitzebeständigkeit der Form deutlich über der Temperatur der Schmelze liegen. Dies ist bei der Wahl des Formstoffs zu beachten. Die Schmelze muss bei Gießtemperatur eine ausreichende Fließfähigkeit besitzen, um eine vollständige Formfüllung zu gewährleisten.

Bevor das fertige Gussteil entformt werden kann, muss die Schmelze erstarren. Während der Abkühlung und bei der Umwandlung vom flüssigen in den festen Zustand verringert sich das Volumen des Bauteils. Dies wird als Schwindung bzw. Schrumpfung bezeichnet.

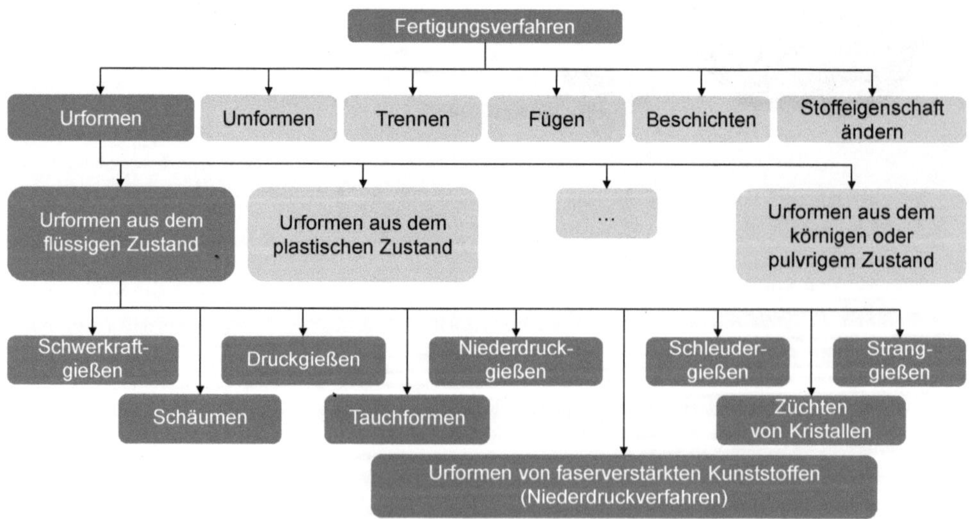

Abb. 2.1 Eingliederung in die DIN 8580

Um die Volumenkontraktion auszugleichen, muss während der Erstarrung zusätzliches Material über Speiser und den Anschnitt nachfließen können. Die Abkühlung muss möglichst homogen und kontrolliert erfolgen, da sonst die Speiserkanäle zu früh verschlossen werden, was zur Bildung von Lunkern, also Hohlräumen im Bauteil, führen kann. Weiterhin führt eine inhomogene Erstarrung zu lokal unterschiedlichen Schwindungen, und es besteht die Gefahr des Auftretens von Spannungsrissen. Neben der richtigen Platzierung von Anguss und Steigern, die zusammen mit Kernmarken und Entgasungsbohrungen auch als Gusstechnik bezeichnet werden, sind das Verständnis und die Kontrolle der metallurgischen Vorgänge während der Erstarrung und der Abkühlung für ein hochwertiges Gussergebnis wichtig. Mit Simulationsprogrammen ist es möglich, die Spannungsverteilung in der Gusskonstruktion zu optimieren und auch die Erstarrung bzw. Formfüllung abzubilden, um den Gießvorgang zu optimieren.

2.1 Geschichte

Die ältesten erhaltenen gegossenen Gegenstände, Waffen und Kultgegenstände aus Kupfer, stammen aus Vorderasien und Indien. Möglich ist, dass die Gießtechnik von Vorderasien ausging. Archäologen fanden rund 9000 Jahre alte metallische Belege, die als Zeugnis für das Erschmelzen von Kupfer dienen [Spir82].

Ein bekanntes Artefakt aus der Bronzezeit (um 1400 v. Chr.) ist „Der goldene Sonnenwagen von Trundholm auf Seeland". Dabei handelt es sich um ein 60 cm langes Gusserzeugnis aus Bronze (Abb. 2.2).

Der goldene Sonnenwagen von Trundholm auf Seeland

Trundholm, Højby, Holbæk, Dänemark
14. Jh. v. Chr.
Bronze und Gold
Länge: 59,6 cm

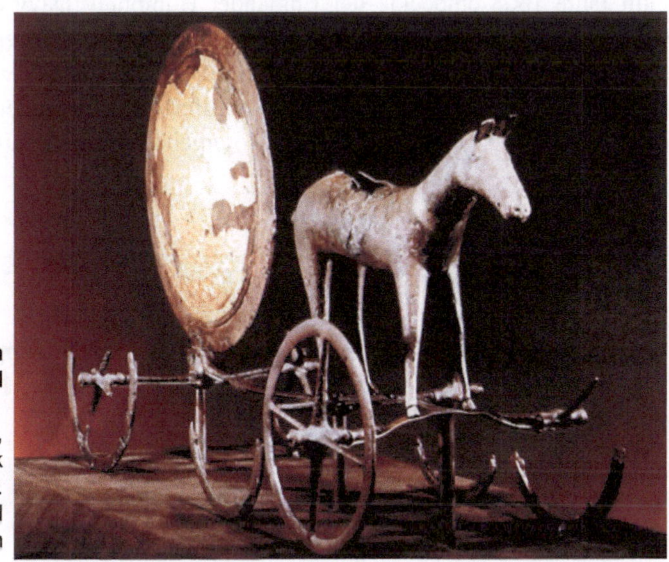

Abb. 2.2 Gießereitechnik in der Bronzezeit (Quelle: Nationalmuseum Kopenhagen)

Alte Darstellung der Herstellung einer Glockenform

Abb. 2.3 Gießereitechnik im Mittelalter (Quelle: K. Stölzel)

Im Mittelalter wurden in der Gießtechnik bereits sehr viele unterschiedliche Legierungen eingesetzt. Unter dem Einfluss der Kirche entstanden damals eine Vielzahl von bemerkenswerten Gegenständen, wie Tore, Taufgefäße oder Glocken (Abb. 2.3) [Wueb89].

Im Jahre 1808 entdeckte der Engländer Humphrey Davy das leichteste Gießmetall: Magnesium. Titan war zwar bereits 1791 entdeckt worden, aber seine technische Verwendung setzte erst in der zweiten Hälfte des 20. Jahrhunderts ein.

In der Industrialisierung hielt die Serienfertigung auch den Einzug in die Gießereitechnik. Schon im Jahre 1898 wurden Motorgehäuse aus Aluminiumlegierungen gegossen [Piwo58].

2.2 Gusswerkstoffe

Die metallischen Gusswerkstoffe können in zwei Hauptgruppen unterteilt werden: die Eisen-Gusswerkstoffe und die Nichteisen-Gusswerkstoffe. Nichteisen-Gusswerkstoffe werden in Leichtmetalle (Dichte < 5 kg/dm³, Al, Mg, Ti, usw.) und Schwermetalle (Dichte > 5 kg/dm³, Cu, Zn, Pb, Sn) unterteilt [Spur81].

2.2.1 Eisen-Gusswerkstoffe

Nach der Europäischen Norm EN 1560 werden die Gusseisenwerkstoffe mit GJ bezeichnet (G für Guss und J für Eisen). Der Graphit der Gusseisenwerkstoffe kann dabei in unterschiedlicher Form vorliegen, was sich auf die Werkstoffeigenschaften auswirkt.

Die Ausbildung unterschiedlicher Gefüge bei Gusseisen lässt sich über die Abkühlgeschwindigkeit, den Gehalt der zwei wichtigsten Legierungselemente Kohlenstoff und Silizium und durch Impfen der Schmelze steuern. Ein Kohlenstoffgehalt kleiner als etwa 2 % kennzeichnet den Stahlguss. Bei einem Kohlenstoffgehalt von mehr als 2 % handelt es sich um Gusseisen. Liegt im Gusseisen der Kohlenstoff als Graphit vor, wird es als graues Gusseisen bezeichnet, ist er im Eisen gelöst, als weißes Gusseisen. Weißes Gusseisen ist hart und spröde, da der Kohlenstoff als Fe_3C vorliegt. Wird das Eisenkarbid durch eine Wärmebehandlung, das Tempern, zum Zerfall gebracht, entsteht Temperguss [Brun94]. Die Abhängigkeit der Umwandlungstemperaturen vom Kohlenstoffgehalt ist in Abb. 2.4 anhand des Eisen-Kohlenstoff Diagramms dargestellt.

Als Impfen einer Schmelze wird die Zugabe eines Impfmittels vor oder während des Gussvorgangs bezeichnet. Die Körner des Impfmittels bilden die Ausgangskeime für das Kristallwachstum und beeinflussen dadurch die Keimzahl in der Schmelze [Brun94].

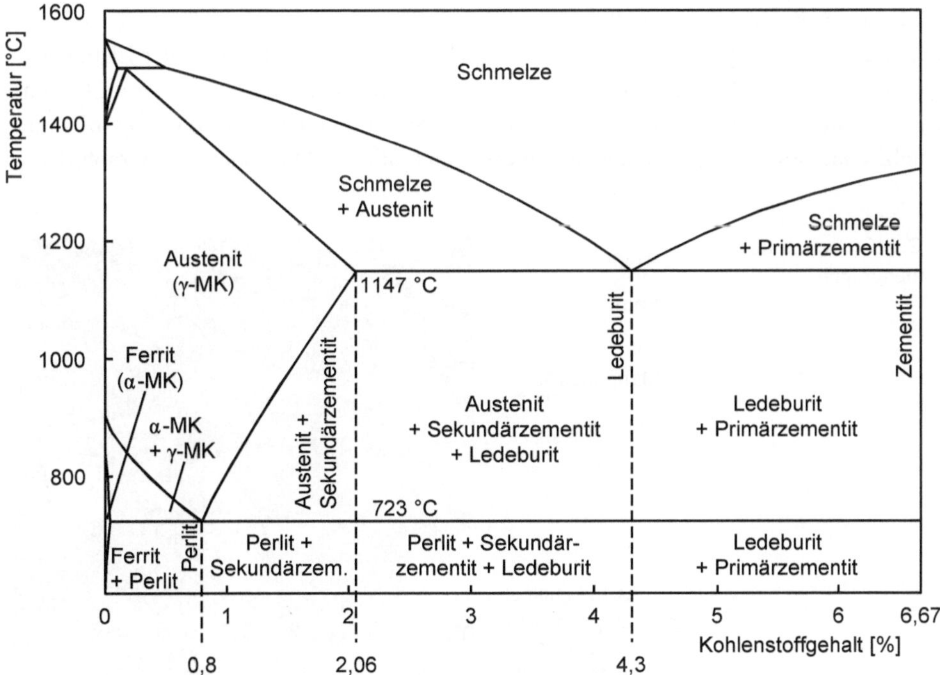

Abb. 2.4 Eisen-Kohlenstoff Diagramm im stabilen Zustand

Der überwiegende Anteil der gegossenen Bauteile wird aus Gusseisen mit Lamellengraphit, Gusseisen mit Kugelgraphit und Gusseisen mit Vermiculargraphit hergestellt. Die Eigenschaften dieser Werkstoffe werden im Weiteren beschrieben.

Gusseisen mit Lamellengraphit GJL

Bedingt durch die lamellare Form des Graphits, siehe Abb. 2.5, und die damit verbundene höhere innere Kerbwirkung, haben Bauteile, die aus Gusseisen mit Lamellengraphit hergestellt werden, verglichen mit Eisen-Gusswerkstoffen, eine geringe Festigkeit. Demgegenüber zeichnet sich GJL durch gute Dämpfungseigenschaften, Formstabilität, Verschleißbeständigkeit, gute Gleit- und Notlaufeigenschaften sowie eine gute Zerspanbarkeit aus. Gusseisen mit Lamellengraphit hat eine große Bedeutung im Maschinen- und Anlagenbau.

Die Schmelztemperatur von GJL liegt aufgrund der Legierung mit Kohlenstoff und Silizium bei $\vartheta \approx 1200$ °C. Dadurch ergeben sich gießtechnische Vorteile:

- geringe Temperaturbelastung des Formstoffs (die Gießtemperatur liegt etwa 50–100 °C über der Schmelztemperatur),
- geringe Schwindung (da die Graphitlamellen die Schwindung des Eisens ausgleichen),
- gutes Fließvermögen,
- geringe Neigung zur Lunkerbildung.

Gusseisen mit Kugelgraphit GJS

Bei Gusseisen mit Kugelgraphit liegt der Graphit in sphärischer Form in der Eisenlegierung vor (Abb. 2.6). Die Kugelform der Graphitausscheidung wird beim GJS im Gegensatz zu GJL durch einen höheren Kohlenstoff- und Siliziumgehalt in Verbindung mit einer Schmelzbehandlung durch Magnesiumlegierungen realisiert. Die sphärische Graphitform

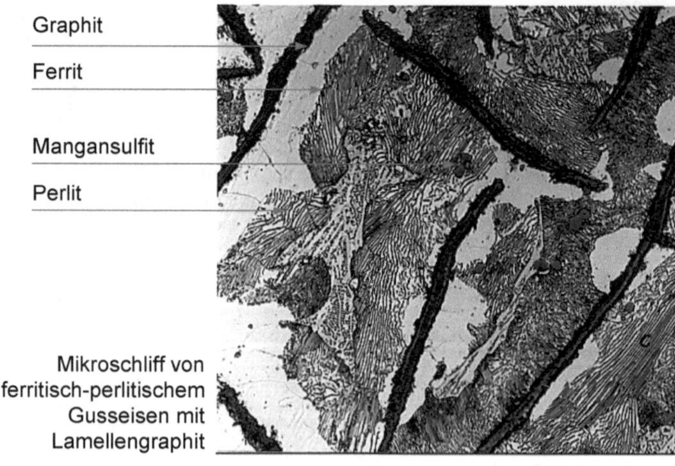

Abb. 2.5 Gusseisen mit Lamellengraphit

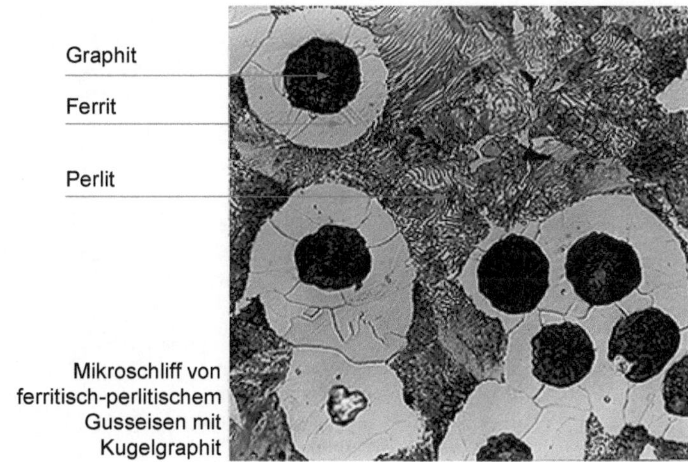

Abb. 2.6 Gusseisen mit Kugelgraphit

im Gefüge vermindert die innere Kerbwirkung, wodurch sich die Festigkeit und die Duktilität der aus GJS gegossenen Bauteile im Vergleich zu GJL erhöhen, während die Dämpfung abnimmt.

Die kugelige Graphitform beim GJS verringert die Wärmeleitfähigkeit des Werkstoffs, wodurch die Abkühlung während des Gießvorgangs im Vergleich zum GJL verlangsamt wird. GJS fließt besser aus dem Speiser nach und hat damit ein etwas besseres Speisungsverhalten. Insgesamt weisen GJS und GJL gute Gießeigenschaften auf.

Durch eine spezielle Wärmehandlung, bei der das Material zunächst austenitisiert und anschließend im Salzbad bei ϑ_{Absch} = 230–400 °C abgeschreckt wird, entsteht ADI (Austempered Ductile Iron), das sehr gute Festigkeits-, Plastizitäts- und Zähigkeitseigenschaften aufweist. Die Festigkeitseigenschaften liegen zwischen denen der Gusslegierungen und der Stähle. ADI ist im Vergleich zu den anderen Gusseisenlegierungen schwer zu zerspanen.

Gusseisen mit Vermiculargraphit GJV

Vermiculargraphit bezeichnet Graphitlamellen, die keine auslaufenden Spitzen haben. Die Graphitlamellen des GJV sind fast vollständig abgerundet und gleichzeitig kürzer als bei Gusseisen mit Lamellengraphit. Vermiculargraphitlamellen stellen eine Übergangsform zwischen Lamellen und unvollkommenen Kugeln dar und treten neben Sphärolithen, dies sind nadelförmige Kristalle, auf (Abb. 2.7).

Gusseisen mit Vermiculargraphit liegt bezogen auf seine mechanischen Eigenschaften zwischen Gusseisen mit Kugelgraphit und Gusseisen mit Lamellengraphit. In der Vergangenheit zunächst als missglücktes Gusseisen mit Kugelgraphit betrachtet, hat dieser Werkstoff in den letzten Jahren besonders im Dieselmotorenbau an Bedeutung gewonnen [Brun94].

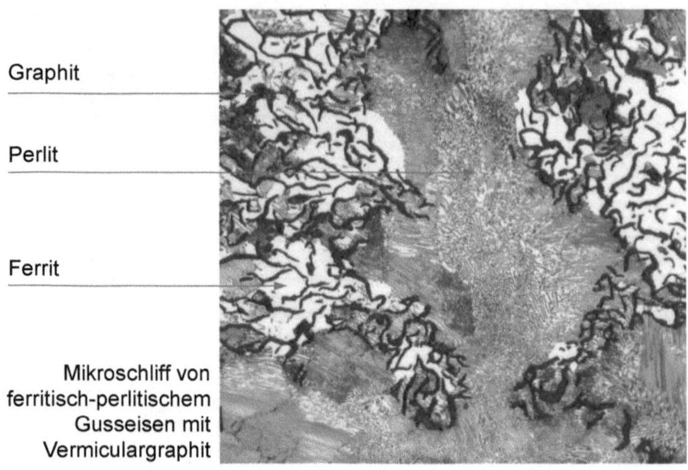

Abb. 2.7 Gusseisen mit Vermiculargraphit

2.2.2 Nichteisen-Gusswerkstoffe

Bei den Nichteisen-Gusswerkstoffen werden hauptsächlich Aluminium- und Magnesiumlegierungen in der Gruppe der Leichtmetalle und Kupfer- und Zink- beziehungsweise Zinnlegierungen in der Gruppe der Schwermetalle vergossen (Abb. 2.8).

Die Aluminiumlegierungen können nach ihren Legierungselementen in folgende Gruppen eingeteilt werden:

- Aluminium-Silizium-Legierungen,
- Aluminium-Magnesium-Legierungen,
- Aluminium-Kupfer-Legierungen.

Die größte Bedeutung haben die Aluminium-Silizium-Legierungen aufgrund ihrer guten Gieß- und Gebrauchseigenschaften. Eine feinkörnige Erstarrung ist durch Zugabe von

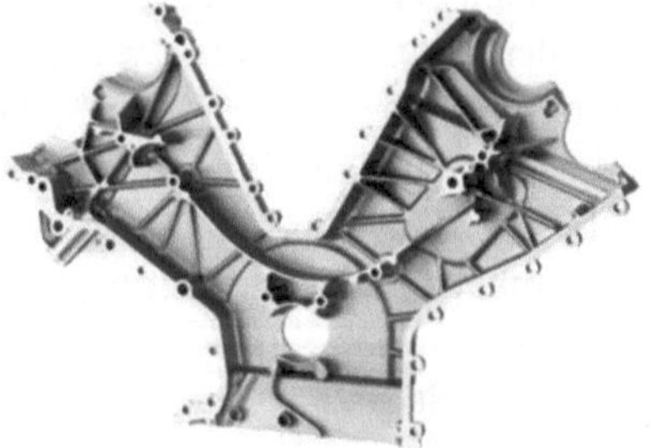

Abb. 2.8 Gussteile aus Aluminium- und Magnesiumlegierungen (Quelle: Georg Fischer www.gfau.com)

Salzgemischen, die Kristallisationskeime aus Titan und Bor enthalten, realisierbar. Eine Erhöhung der Abkühlgeschwindigkeit vermindert die Warmrissbildung, da sich die Erstarrungsmorphologie bei höheren Abkühlgeschwindigkeiten von schwammartig zu schalenbildend ändert und so die Volumenkontraktion besser ausgeglichen werden kann [Brun94].

Ein weiterer wichtiger Leichtmetall-Gusswerkstoff ist Magnesium. Aufgrund der geringen Dichte ist Magnesium das leichteste Gebrauchsmetall. Reines Magnesium besitzt eine geringe Verformbarkeit und Zugfestigkeit. Die Eigenschaften können jedoch durch das Zulegieren verschiedener Metalle verbessert werden.

Die häufigsten Magnesiumlegierungen sind:

- Magnesium-Aluminium-Legierungen,
- Magnesium-Zinn-Legierungen,
- Magnesium-Aluminium-Zinn-Legierungen.

Bei den Schwermetall-Gusswerkstoffen kommen Kupfer- und Zinklegierungen zum Einsatz. Gusswerkstoffe aus Kupferlegierungen zeichnen sich durch gute Gießeigenschaften aus. Dabei sind die Gusslegierungen des Kupfers mit Zink, die als Gussmessinge bezeichnet werden, von großer Bedeutung. Des Weiteren werden Kupfer-Zinn-Legierungen (Gussbronzen) industriell vergossen. Einsatzgebiete dieser Legierungen sind Küchenarmaturen, Baubeschläge oder Kleinteile wie Türgriffe und Scharniere.

2.2.3 Gefügeausbildung

Während der Erstarrung bildet sich das metallurgische Gefüge aus, welches für die Materialeigenschaften des Gussteils wesentlich ist. Nach Unterschreiten der Liquidustemperatur bilden sich in der Schmelze Kristalle. Durch Wachstum und Vermehrung der Kristalle erstarrt das Bauteil. Form, Anzahl und Größe der Kristalle entscheiden über die späteren Bauteileigenschaften.

Die Kristallisation beginnt an den Kristallisationskeimen. Das nachfolgende Kristallwachstum ist von der Keimzahl, der Abkühlgeschwindigkeit und der Richtung der Wärmeabfuhr abhängig. Geringe Keimzahlen und langsame Abkühlgeschwindigkeit führen zu einem groben Gussgefüge. Eine große Anzahl von Keimen gekoppelt mit schneller Abkühlgeschwindigkeit führt zu einem feinkörnigen Gefüge. Die Anzahl der Keime in der Schmelze kann durch Impfen beeinflusst werden. Beginnt die Erstarrung im Inneren der Schmelze, verläuft die Kristallisation endogen. Bei der exogenen Kristallisation beginnt die Erstarrung am Rand.

Bei der Kristallisation können sich unterschiedliche Kristallformen und -größen bilden. Bei der Ausbildung eines gleichförmigen Gefüges entsteht eine globulitische Kristallform mit isotropen Bauteileigenschaften. Falls sich Stengelkristalle ausbilden, welche von den Formwänden ausgehen, sind die Festigkeitseigenschaften richtungsabhängig. In den meisten Fällen entstehen bei der Erstarrung Mischformen dieser beiden Zustände (Abb. 2.9).

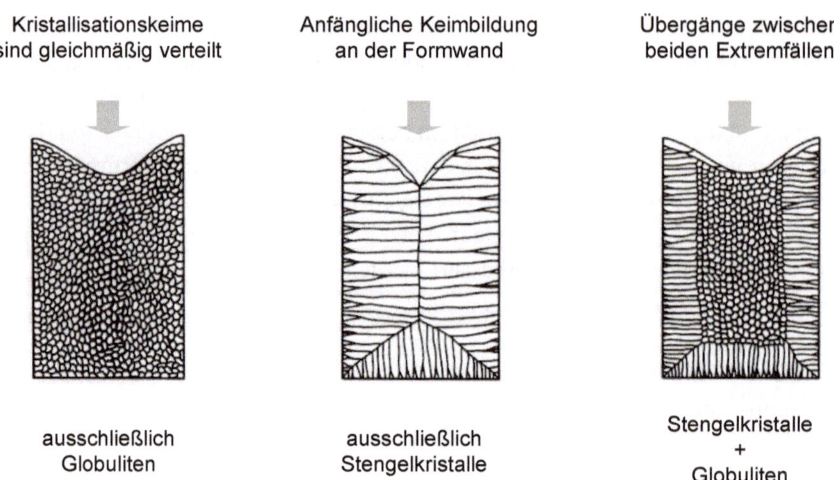

Abb. 2.9 Unterschiedliche Ausbildung der Kristallform bei Erstarrung [Spur81]

Die Kristallstruktur kann dazu genutzt werden, Bauteilen gezielte, belastungsgerechte Eigenschaften zu verleihen. Abb. 2.10 verdeutlicht dies am Beispiel einer Turbinenschaufel.

Die Turbinenschaufeln sind im Betrieb aufgrund der Fliehkräfte einer starken axialen Zugbelastung ausgesetzt. Da die Korngrenzen eine Schwachstelle im Werkstoff darstellen, ist es das Ziel einer kontrollierten Erstarrung, die Korngrenzen in Belastungsrichtung verlaufen zu lassen oder ganz zu vermeiden. Bei der in Abb. 2.10 gezeigten stengelkristallin erstarrten Turbinenschaufel liegen die Korngrenzen in Belastungsrichtung, sodass diese

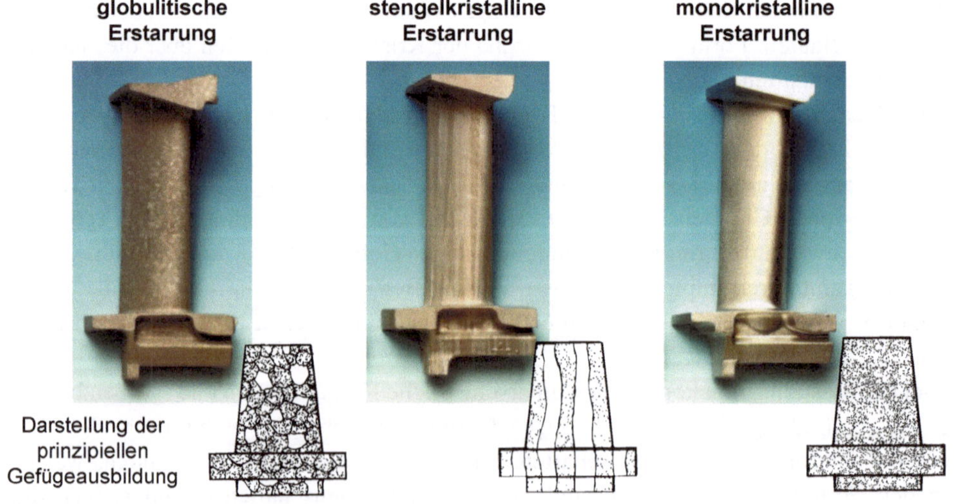

Abb. 2.10 Erstarrung am Beispiel von Turbinenschaufeln (Quelle: Thyssen AG)

Turbinenschaufel in axialer Richtung höhere Zugspannung ertragen kann als die globulitisch erstarrte Turbinenschaufel. Die monokristallin erstarrte Turbinenschaufel weist keine Korngrenzen auf, sodass sie in alle Belastungsrichtungen gleich hohe Belastungen aufnehmen kann.

2.3 Gießen am Beispiel des Sandgussverfahrens

Das Sandgussverfahren zählt zur Gruppe der Verfahren mit verlorenen Formen und Dauermodellen. Der prinzipielle Ablauf ist in Abb. 2.11 dargestellt.

Beim Sandguss wird zwischen Hand- und Maschinenformverfahren unterschieden. Bei beiden Verfahren besteht die Form aus verdichtetem Sand. Die Verfahrensvarianten unterscheiden sich lediglich durch den Grad der Automatisierung. Während beim Handformverfahren alle Arbeitsschritte manuell durchgeführt werden, sind beim Maschinenformverfahren außer der Modellherstellung viele Arbeitsschritte automatisierbar. Das Handformverfahren ist für kleine bis mittlere Serien und bei Bauteilen, die aufgrund ihrer Größe oder ihres Gewichtes nicht automatisierbar sind, wirtschaftlich einsetzbar. Mit dem Maschinenformverfahren ist im Gegensatz dazu eine Massenfertigung von Gussteilen realisierbar.

Ausgehend von einer gussgerechten Konstruktion wird beim Sandguss zunächst ein Modell gefertigt. Dieses meist zweiteilige Modell wird abgeformt und die Formhälften

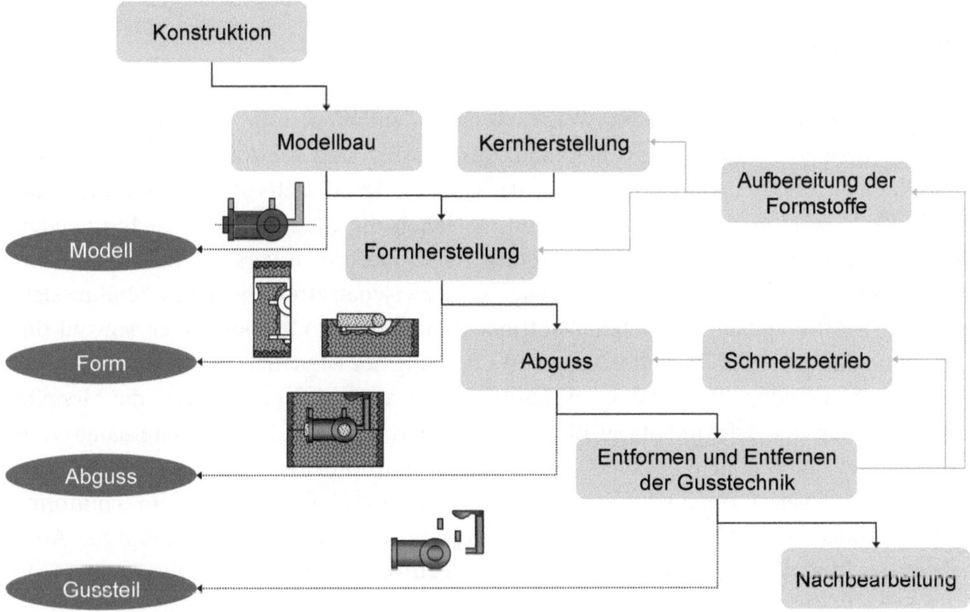

Abb. 2.11 Prozesskette am Beispiel des Sandgussverfahrens [VDG05]

Abb. 2.12 Anwendungsbeispiele des Sandgussverfahrens (Quelle: Georg Fischer, www.gfau.com)

werden zusammen mit evtl. benötigten Kernen und der Gusstechnik zu einer Form zusammengebaut. In die Form erfolgt anschließend der Abguss. Nach Abkühlen der Form wird das Gussteil entformt und die Gusstechnik wird entfernt. Die Gusstechnik gelangt als Kreislaufmaterial zurück in den Schmelzbetrieb und der Formsand wird evtl. wieder aufbereitet.

In Abb. 2.12 sind beispielhaft Bauteile dargestellt, die mit Sandguss hergestellt wurden.

2.3.1 Modellherstellung

Für die Herstellung von Modellen werden verschiedene Werkstoffe eingesetzt. Je höher die Anforderungen an das Gussstück sind, desto höher sind die Anforderungen an das Modell, da die Gussteilqualität direkt von der Qualität des Modells abhängt. Für die Wahl des Modellwerkstoffes und der Modellgüte ist auch die Stückzahl der zu fertigenden Gussteile zu berücksichtigen, da die Modelle beim Abformen verschleißen und einem Alterungsprozess unterliegen. Unterschieden wird zwischen Holzmodellen, Metallmodellen, Kunststoffmodellen und Schaumstoffmodellen. Zum Modellbau zählen sowohl die Herstellung als auch die Instandsetzung und Lagerung der Modelle.

Um die Schwindung während des Abkühlvorgangs auszugleichen, müssen die Modelle um den Betrag der Schwindung größer dimensioniert sein. Die Schwindung hängt vom Gusswerkstoff ab und beträgt etwa 0,5–2,5 %. Die Entformbarkeit der Gussteile bei Verwendung von Dauerformen wird durch Formschrägen ermöglicht. Auch beim Sandformverfahren müssen die Modellflächen eine geringe Neigung haben, um während des Aushebens des Modells ein Losreißen des Formstoffs zu vermeiden.

2.3.2 Formherstellung (Kastenformen)

Die Formherstellung lässt sich, wie in Abb. 2.13 gezeigt, in fünf Schritte unterteilen:

Die untere Modellhälfte wird zunächst in den Unterkasten, der auf einer Unterlegplatte aufliegt, eingelegt. Dabei muss die untere Modellhälfte Kernmarken beinhalten, die als Lagerstellen für die Kerne dienen. Anschließend wird der Unterkasten mit Formsand aufgefüllt und dieser verdichtet. Der Unterkasten wird mit der Modellhälfte und dem Formsand gedreht. Auf den Unterkasten wird die obere Modellhälfte und der Oberkasten aufgelegt. Nun wird der Oberkasten mit Formsand gefüllt und dieser verdichtet. Der nächste Schritt besteht darin, Ober- und Unterkasten zu trennen, die Modellhälften wieder zu entnehmen und gegebenenfalls Kerne einzusetzen. Anschließend wird die Form geschlossen. Damit ist die Form für den Abguss vorbereitet. Nach Abguss und Erstarrung werden Form und Kerne zerstört. Die beiden Modellhälften können zur Herstellung weiterer Formen verwendet werden.

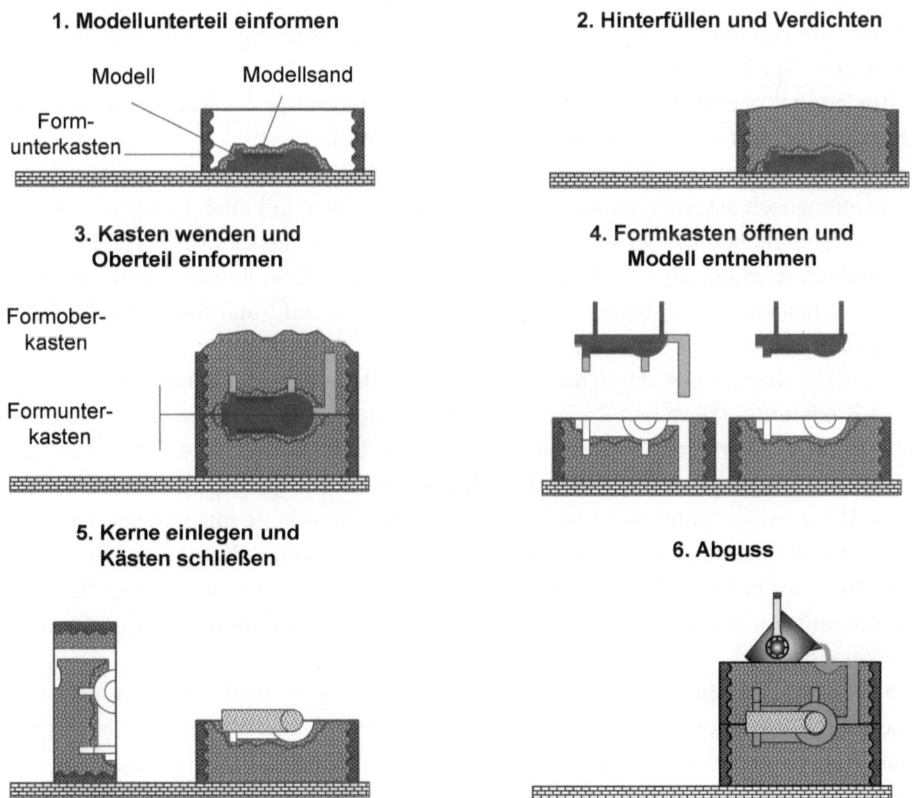

Abb. 2.13 Herstellung von Kastenformen [VDG05]

Abb. 2.14 Kernpaket für Zylinderkurbelgehäuse (Quelle: Röperwerk)

2.3.3 Kernherstellung

Die für die Ausbildung von Hohlräumen und Hinterschneidungen benötigten Kerne werden aus Kernsanden gefertigt (Abb. 2.14). Der feuerfeste Grundstoff ist meist Quarzsand, dem ein Bindemittel zugesetzt ist, z. B. Kunstharz, Wasserglas, Ton, Erstarrungsöl, Zement oder Stärkebinder. Am gebräuchlichsten sind kunstharzgebundene Formstoffe. Das Bindemittel beeinflusst die Art und Dauer der Aushärtung der Kernsande (entweder bei Raumtemperatur oder durch Einwirkung von Wärme).

Zur Kernherstellung sind Maschinen mit unterschiedlichen Mechanisierungsgraden bis hin zu automatisch arbeitenden Anlagen entwickelt worden, um eine wirtschaftliche Fertigung zu ermöglichen. Dabei sind besonders das Hot-Box-, das Cold-Box- und das Kaltharzverfahren relevant, die eine Kernherstellung in kurzer Zeit, je nach Größe des Kerns 5 s–50 s, erlauben. Die so hergestellten Kerne benötigen aufgrund ihrer Stabilität keine Kerneisen oder sonstige Armierungen.

Bei der Kernherstellung durch das Cold-Box-Verfahren kommen Quarzsand und organisches Bindemittel (Harz und Polyisocyanat) zum Einsatz. Dieses Gemisch wird in eine nicht vorgeheizte Form, den Kernkasten, geschossen. Die Aushärtung erfolgt unmittelbar im Kernkasten durch Einleitung eines Luft-Katalysatornebels.

Beim Hot-Box-Verfahren wird eine feuchte Formstoffmischung mit einem warmhärtenden Kunstharzbinder unter Zusatz eines Härters verwendet. Durch Kontakt mit dem vorgeheizten Kernkasten härtet die Randzone des Kerns aus, sodass er schon wenige Sekunden später entnommen werden kann. Die weitere Durchhärtung verläuft dann selbstständig bei Raumtemperatur.

Ein weiteres Verfahren ist das Kaltharzverfahren. Dieses wird zur Herstellung von Formen und Kernen genutzt. Bei diesem Verfahren erfolgt die Herstellung in kalten Formkästen unter Verwendung einer Mischung aus Sand und Harz. Durch die Zugabe von Bindemitteln verfestigt sich der Formstoff. Das Verfahren wird vorzugsweise für mittlere bis große Kerne bzw. Formen verwendet.

2.4 Vorstellungen verschiedener Verfahren

In Abhängigkeit von den eingesetzten Formen und Modellen werden die Gussverfahren in folgende Gruppen eingeteilt:

- Verfahren mit verlorenen Formen und Dauermodellen
- Verfahren mit verlorenen Formen und verlorenen Modellen
- Verfahren mit Dauerformen

Die wichtigsten Vertreter dieser Gruppen werden im Folgenden vorgestellt.

2.4.1 Verfahren mit verlorenen Formen und Dauermodellen

Allgemeines
Bei diesen Verfahren kann das Modell mehrfach verwendet werden. Die Form besteht aus verdichtetem Sand und wird nach dem Abguss zerstört, um das Bauteil freizulegen. Die Verfahren mit verlorenen Formen und Dauermodellen lassen sich untergliedern in:

- Handformverfahren,
- Maschinenformverfahren,
- Maskenformverfahren.

Sollen Bauteile mit Innenräumen gegossen werden, ist der Einsatz von Kernen notwendig.

Da der Formsand temperaturbeständig ist, können mit diesen Verfahren Werkstoffe mit hohen Schmelztemperaturen (z. B. Eisenwerkstoffe) gegossen werden. Das am häufigsten angewandte Verfahren ist der Sandguss, der bereits in Abschn. 2.3 erläutert wurde.

Maskenformverfahren
Ein weiteres Verfahren des Gießens in verlorenen Formen mit Dauermodellen ist das Maskenformverfahren (Abb. 2.15).

Der verwendete Formstoff wird auf dem Dauermodell aus Metall bis zu einer Temperatur von ca. 250 °C erwärmt. Der Formstoff besteht aus Quarzsand und warmaushärtendem Kunstharzbinder. Durch den Kontakt mit dem warmen Modell bildet sich eine stabile Schale. Der überschüssige, ungebundene Formstoff wird anschließend abgekippt und die erste Maskenhälfte bei ca. 450 °C etwa 1,5 min. ausgehärtet. In einer Presse wird die erste Maskenhälfte mit der, auf die gleiche Weise hergestellten, zweiten Maskenhälfte verklebt. Abschließend erfolgt der Abguss.

Abb. 2.16 zeigt eine Modellplatte für das Maskenformverfahren, auf der mehrere Bauteile zu einer Traube zusammengefasst wurden und über einen Anguss versorgt werden. Weiterhin sind eine Maskenhälfte und einige Gussteile zu sehen.

Die folgende Tab. 2.1 gibt einen Überblick über die Verfahren mit verlorenen Formen und Dauermodellen.

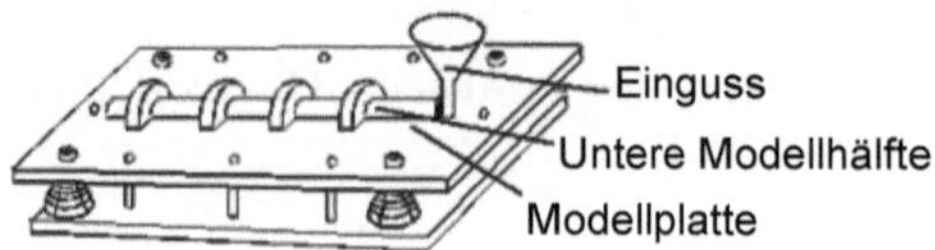

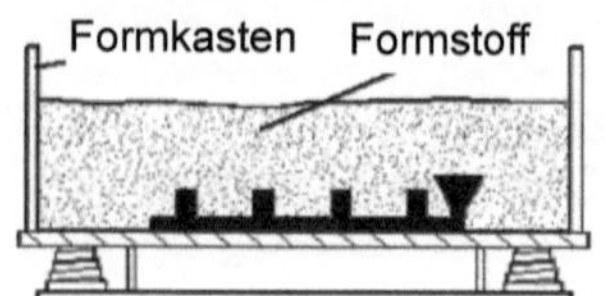

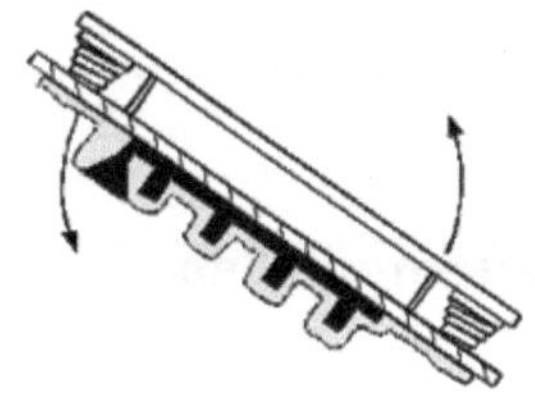

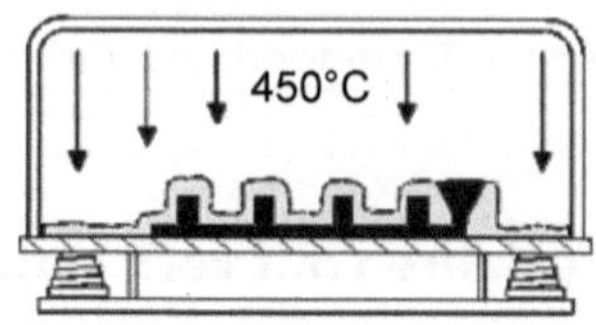

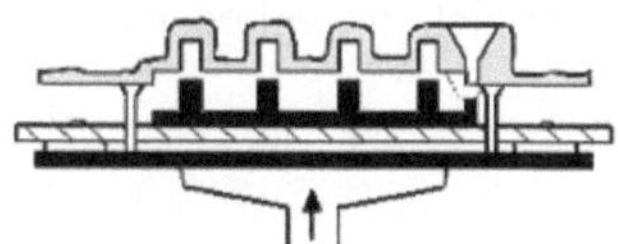

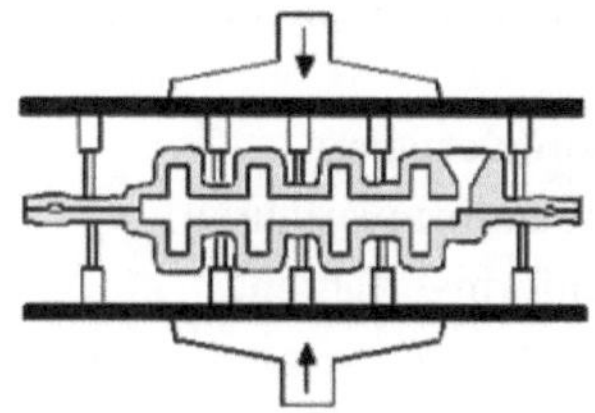

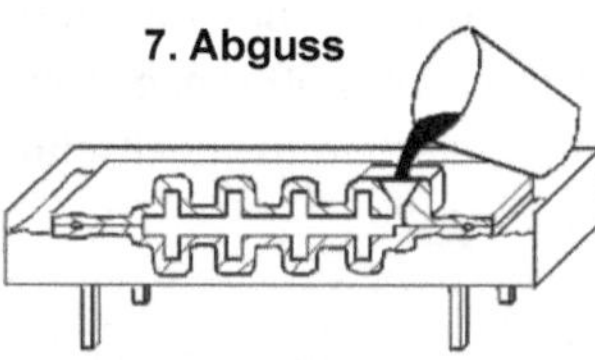

Abb. 2.15 Verfahrensablauf beim Maskenformverfahren [VDG05]

2.4.2 Verfahren mit Dauerformen

Bei dieser Verfahrensvariante wird kein Modell erstellt, welches für jeden Abguss abgeformt werden muss, sondern die Schmelze wird in eine Dauerform gegossen. Zu den Verfahren mit Dauerformen zählen:

- der Kokillenguss,
- der Druckguss,
- der Niederdruckguss,
- der Schleuderguss,
- der Strangguss.

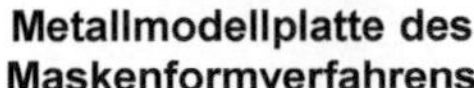
Metallmodellplatte des Maskenformverfahrens

Gießform und Gussteile des Maskenformverfahrens

Abb. 2.16 Maskenformverfahren – Modellplatte, Gießform und Gussteile (Quelle: UG Metall, DK)

Tab. 2.1 Verfahren mit verlorenen Formen und Dauermodellen (nach ZGV) [DIN8062, DIN8062a]

	Handformen	Maschinenformen	Maskenformen
zu verarbeitende Werkstoffe	alle Metalle	alle Metalle	alle Metalle
Gewichtsbeschränkung	vorhandene Transporteinrichtungen und Schmelzkapazität bestimmen die obere Grenze	bis zu mehreren Tonnen, begrenzt durch die Kastengröße und die Maschinenanlage	bis ca. 150 kg
Mengenbereich	Einzelteile, kleine Serien	kleine bis große Serien	mittlere bis große Serien
Toleranzbereich für ein 500 mm Längenmaß[a]	Toleranzfeldbreite nach DIN EN ISO 8062 7 bis 18 mm (Grauguss)	Toleranzfeldbreite nach DIN EN ISO 8062 2,6 bis 10 mm (Grauguss)	Toleranzfeldbreite nach DIN EN ISO 8062 2,6 bis 10 mm (Grauguss)
Bauteilbeispiel	Pumpengehäuse	Kolbenringe	Rippenzylinderkopf

[a]) Die angegebenen Toleranzen sind Anhaltswerte für ein Nennmaß von 500 mm. Sie sind abhängig vom Genauigkeitsgrad, von der Werkstückgröße und dem Werkstoff. Für Neukonstruktionen ist die DIN EN ISO 8062-1 bis -3 anzuwenden.

Kokillenguss

Beim Kokillenguss besteht die Dauerform (Kokille), die mindestens zweiteilig ist, aus Gusseisen oder Stahl. Es werden Voll- und Gemischtkokillen unterschieden, je nachdem, ob sie vollständig aus Metall bestehen (auch die Kerne), oder ob die Kerne aus Sand hergestellt sind. Die Sandkerne können bei der Entnahme des Werkstücks zerstört werden (z. B. bei Hinterschneidungen), wohingegen Metallkerne dreh- oder verschiebbar angeordnet sein müssen, um nach der Erstarrung der Schmelze gezogen werden zu können. Kokillenguss eignet sich besonders gut zum Herstellen von Gussbauteilen aus Aluminium-, Magnesiumlegierungen und Messing, weil deren Schmelzpunkte deutlich unterhalb der Schmelzpunkte der Eisenlegierungen liegen.

Druckguss

Beim Druckgießen wird die Schmelze unter hohem Druck und mit hoher Geschwindigkeit in eine Dauerform aus Stahl gespritzt. Damit wird eine schnelle Produktion maßgenauer Gussstücke, die eine sehr glatte und saubere Oberfläche aufweisen, realisiert. Eine Nacharbeit ist, außer dem Abtrennen des Eingusssystems und dem Bearbeiten der Passflächen, in den meisten Fällen nicht notwendig (Abb. 2.17).

Eine Druckgussmaschine besteht im Wesentlichen aus den drei Hauptelementen:

- Gießeinheit,
- Schließeinheit,
- Auswerfeinheit.

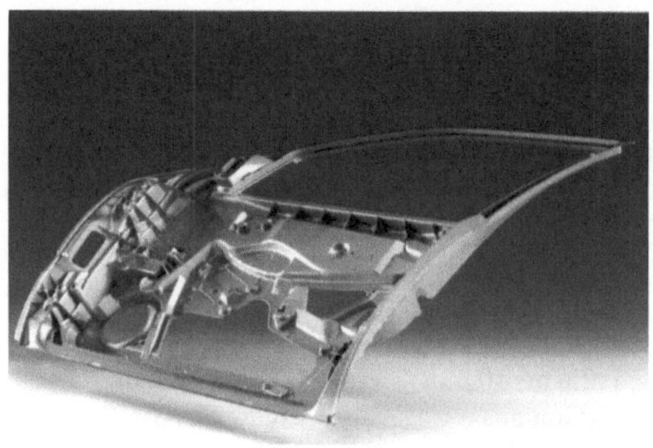

Prototyp einer gegossenen Autotür aus Magnesium

Magnesium-Druckguss
EN-MC MgAl6Mn
Wandstärken: 2 - 2,5 mm
Gewicht: 3,5 kg

Zylinderkurbelgehäuse aus Al-Druckguss

Abb. 2.17 Anwendungsbeispiele des Druckgussverfahrens (Quelle: Honsel, Müller-Weingarten)

Das Erzeugen der hohen Gießdrücke und der Schließkräfte für die Form geschieht üblicherweise hydraulisch. Es werden zwei Verfahrensvarianten unterschieden:

- Warmkammerverfahren,
- Kaltkammerverfahren.

Die Gießformenstähle sind legierte Warmarbeitsstähle. Am gebräuchlichsten sind Cr-Mo-Stähle (z. B. X38CrMoV51, X40CrMoV51). In günstigsten Fällen können in einer Druckgießform ungefähr folgende Stückzahlen (Richtwerte) gegossen werden:

• Zn-Leg.	etwa	500.000 Abgüsse,
• Mg-Leg.	etwa	200.000–250.000 Abgüsse,
• Al-Leg.	etwa	80.000–150.000 Abgüsse,
• Cu-Leg.	etwa	10.000 Abgüsse.

Warmkammerverfahren. Beim Warmkammerverfahren bildet die Füllkammer mit der Maschine und dem Warmhalteofen eine Einheit (Abb. 2.18). Ein Kolben drückt die Schmelze in die Kokille. Druckgegossen werden Magnesium, Zink, Zinn und Blei, da

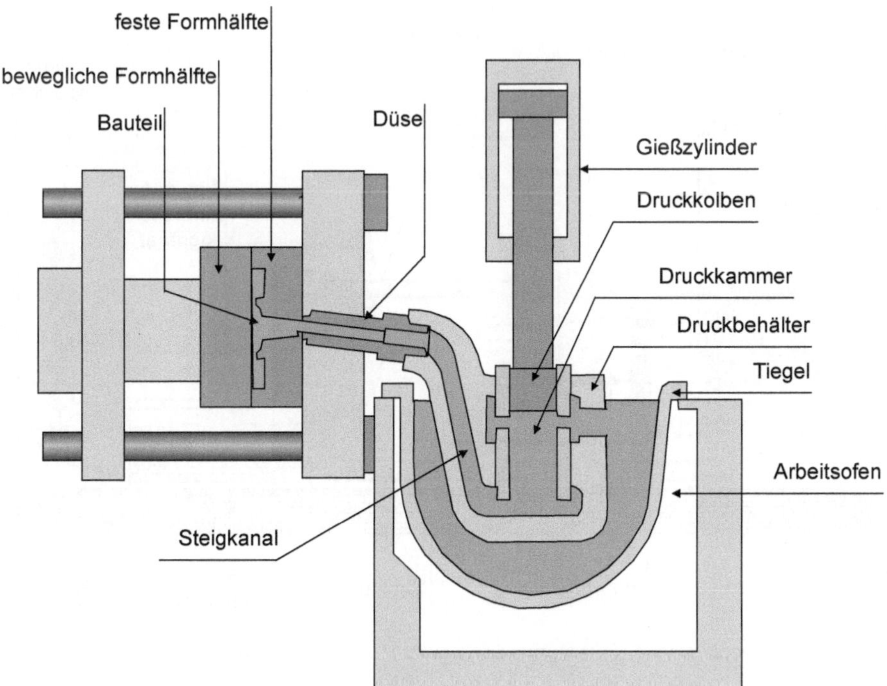

Abb. 2.18 Prinzipdarstellung der Warmkammerdruckgussmaschine [VDG05]

diese weder den Werkstoff des Warmhalteofens noch den der Druckkammer thermisch oder chemisch überlasten. Mit Warmkammermaschinen können, in Abhängigkeit vom Werkstoff und der Werkstückgröße, bis 1000 Abgüsse pro Stunde realisiert werden.

Kaltkammerverfahren. Beim Kaltkammerverfahren sind der Warmhalteofen und die Maschine getrennt. Das Metall wird dem Ofen entnommen und der Gießkammer der Maschine zugeführt (Abb. 2.19). Durch die Trennung von Warmhalteofen und Maschine können mit diesem Verfahren auch hochschmelzende Metalllegierungen (z. B. Cu, $\vartheta_s = 1083$ °C) verarbeitet werden. Außerdem können auch Materialien mit hoher chemischer Aktivität (Desoxidationswirkung bei Al) verarbeitet werden. Auch bei vollautomatischem Betrieb sind mit Kaltkammerdruckmaschinen nur 30 bis 180 Abgüsse je Stunde möglich.

Der Druckguss unterscheidet sich gegenüber dem Sandguss durch folgende Merkmale:

- Anwendung in der Massenfertigung,
- bessere Oberflächengüte,
- bessere Maßhaltigkeit,
- feinkörniges Gefüge,
- gute Möglichkeit zur Mechanisierung.

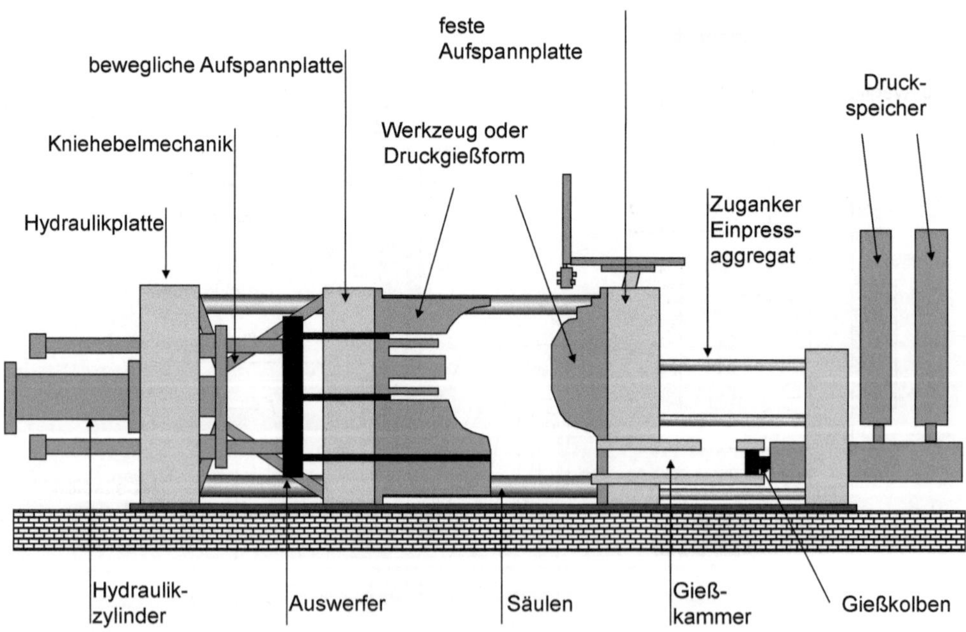

Abb. 2.19 Hydromechanische Kaltkammerdruckgussmaschine [VDG05]

Niederdruckguss

Als Niederdruck-Gießverfahren werden Gießanordnungen bezeichnet, bei denen die Metallschmelze mittels eines Steigrohrs von unten in den Formhohlraum der aufgesetzten Gießform, meist eine Kokille, gedrückt wird (1,1–1,5 bar). Dabei wird die Aufwärtsbewegung des flüssigen Metalls nach dem Gasdruckprinzip bewirkt, d. h., auf die Badoberfläche der Schmelze wirkt ein Überdruck, der das Metall gegen die Schwerkraft in die aufgesetzte Form transportiert. Dies hat den Vorteil, dass die Schmelze gleichmäßig in die Kokille gelangt. Des Weiteren bleibt der Gießdruck theoretisch bis zum Beenden der Erstarrung konstant, wodurch die Schrumpfung ausgeglichen wird.

Gießofen und Kokille bilden beim Niederdruck-Kokillenguss eine Einheit. Sie sind durch das Steigrohr verbunden (Abb. 2.20). Der Gießofen enthält eine größere Menge des Gießmetalls in einem druckdichten Gefäß, das Steigrohr sowie die externen Einrichtungen zur Druckbeaufschlagung und ihrer Steuerung. Der Ofen dient in der Regel nur zum Warmhalten und nicht zum Erschmelzen des Metalls.

Die folgende Tab. 2.2 gibt einen Überblick über die Verfahren Druckguss und Kokillenguss.

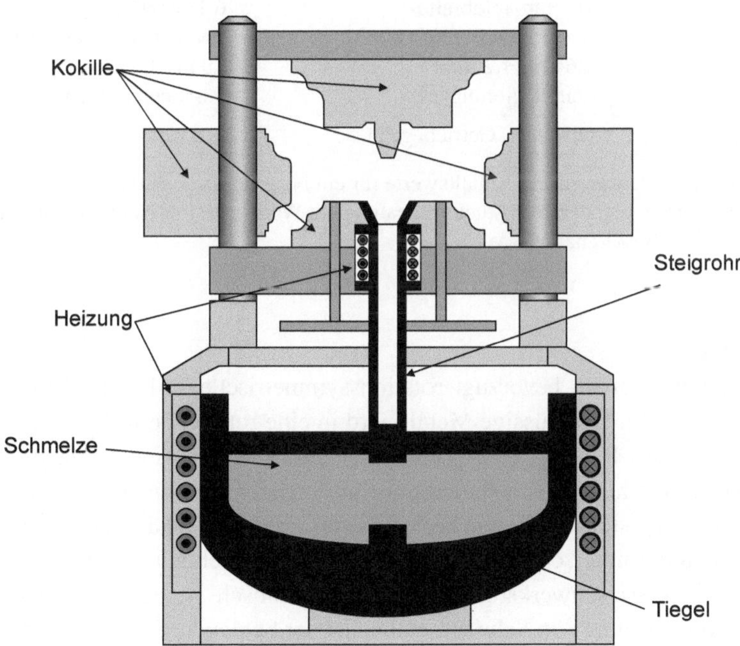

Abb. 2.20 Niederdruckkokillenguss [VDG05]

Tab. 2.2 Verfahren mit Dauerformen: Druckguss und Kokillenguss (nach ZGV) [DIN8062, DIN8062a]

	Druckgießen	Kokillengießen
zu verarbeitende Werkstoffe	Druckgusslegierungen auf Al-, Mg-, Zn-, Cu-, Sn- oder Pb-Basis (Eisenwerkstoffe in der Entwicklung)	Leichtmetalle, spezielle Kupferlegierungen, Feinzink, Gusseisen mit Lamellen und Kugelgraphit
Gewichts-beschränkung	Al-Leg.: bis 50 kg Zn-Leg.: bis 20 kg Mg-Leg.: bis 15 kg Cu-Leg.: bis 5 kg (Begrenzt durch Größe der Druckgießmaschine)	bis 100 kg (in Sonderfällen auch mehr)
Mengenbereich	Serienfertigung, (Haltbarkeit der Form): Zn: 500.000 Abgüsse Mg: 100.000 Abgüsse Al: 80.000 Abgüsse Cu: 10.000 Abgüsse	Serienfertigung, (Haltbarkeit der Kokille): Al: 100.000 Abgüsse
Toleranzbereich für ein 500 mm Längenmaß[a]	Toleranzfeldbreite (nach DIN EN ISO 8062) 0,64 bis 1,2 mm (Zinklegierungen)	Toleranzfeldbreite (nach DIN EN ISO 8062) 1,8 bis 3,6 mm (Zinklegierungen)
Bauteilbeispiel	Ölwanne, Getriebegehäuse	Kfz-Kolben

[a]) Die angegebenen Toleranzen sind Anhaltswerte für ein Nennmaß von 500 mm. Sie sind abhängig vom Genauigkeitsgrad, von der Werkstückgröße und dem Werkstoff. Für Neukonstruktionen ist die DIN EN ISO 8062-1 bis -3 anzuwenden.

Schleuderguss

Mit Schleuderguss werden bevorzugt rotationssymmetrische Teile wie Rohre, Buchsen oder Ringe hergestellt. Das flüssige Metall wird in eine rotierende Kokille gegossen. Die Innenformgebung des Teils erfolgt ausschließlich durch die Wirkung der Zentrifugalkraft. Durch Schleuderguss hergestellte Bauteile weisen im Allgemeinen eine höhere Festigkeit als im Sandguss hergestellte Werkstücke auf. Durch die Rotation kann es aber bei legierten Stählen aufgrund der unterschiedlichen Dichten zur Entmischung kommen, während das Schleudern von Gusseisenwerkstoffen verfahrenstechnisch wenige Probleme aufweist. Auch bei der Verarbeitung von Schwermetallen ist der Schleuderguss ein verbreitetes Verfahren. Eine Variante des Schleudergusses ist das Gießen von nicht rotationssymmetrischen Bauteilen in Formen, die während des Gießens gedreht werden. Die Drehung der Form während des Gießprozesses ermöglicht ein verbessertes Ausfließen und damit die Abbildung feiner Details (Abb. 2.21).

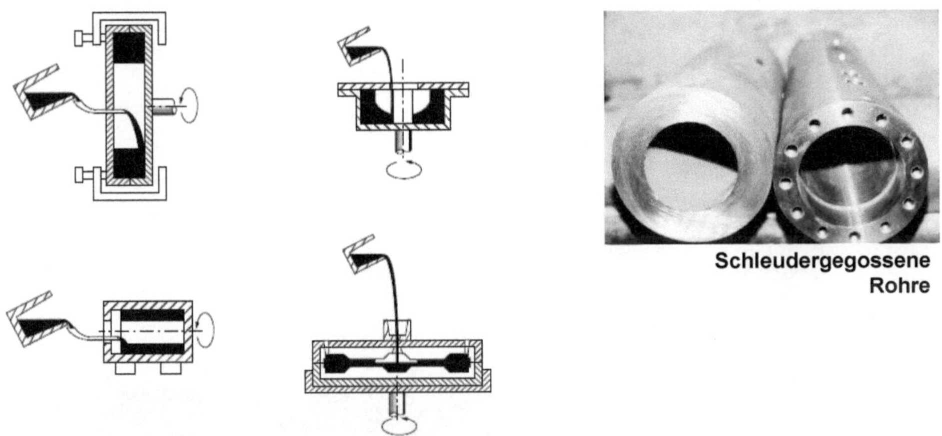

Abb. 2.21 Verschiedene Schleudergussvarianten [VDG05]

Die Kokillen für dieses Verfahren bestehen aus metallischen Werkstoffen, die zum Teil noch mit keramischen Materialien ausgekleidet sind und je nach Schmelztemperatur gekühlt oder ungekühlt verwendet werden. Zur Ausbildung spezieller Innenprofile oder von Durchbrüchen kommen ebenfalls Sandkerne zum Einsatz.

Mit dem Schleudergießverfahren lassen sich auch Verbundwerkstoffe herstellen. Dabei wird in ein Rohr ein anderer Werkstoff hineingeschleudert. Beispielsweise kann in ein Stahlrohr ein hochverschleißfester Gießwerkstoff oder auf eine gusseiserne Nabe ein Bronzezahnkranz aufgegossen werden.

In erster Linie werden mit diesem Verfahren Rohre erzeugt, die ein dichtes Gefüge und eine hohe Festigkeit haben und weder Gasblasen noch Lunker aufweisen. Verfahrensbedingt schreitet die Abkühlung der Schmelze von außen nach innen fort; Verunreinigungen und Seigerungen werden deshalb bei der anschließenden Innenbearbeitung entfernt.

Strangguss

Der Strangguss ist ein kontinuierlich arbeitendes Gießverfahren zur Herstellung von Hohl- und Vollprofilstangen aus Stahl und NE-Metallen (Abb. 2.22). Es wird zwischen vertikal und horizontal arbeitenden Stranggussanlagen unterschieden. Weiterhin kann diskontinuierlich (die Stranglänge ist vom zur Verfügung stehenden Platz abhängig) oder kontinuierlich (die Säge oder der Brenner teilen den Gießstrang) gearbeitet werden.

Die wassergekühlte Stranggießkokille besteht aus einem metallischen Werkstoff oder aus Graphit und entzieht der Schmelze soviel Wärme, dass zumindest eine feste Außenhaut entsteht. Die weitere Erstarrung vollzieht sich dann während des Abzugs des Strangs. Die Vorteile liegen in der großen Gießleistung und in der guten Qualität des Gießprodukts (konstante physikalische Eigenschaften; große Mengen schnell herstellbar).

Die folgende Tab. 2.3 gibt einen Überblick über die Verfahren Schleuderguss und Strangguss.

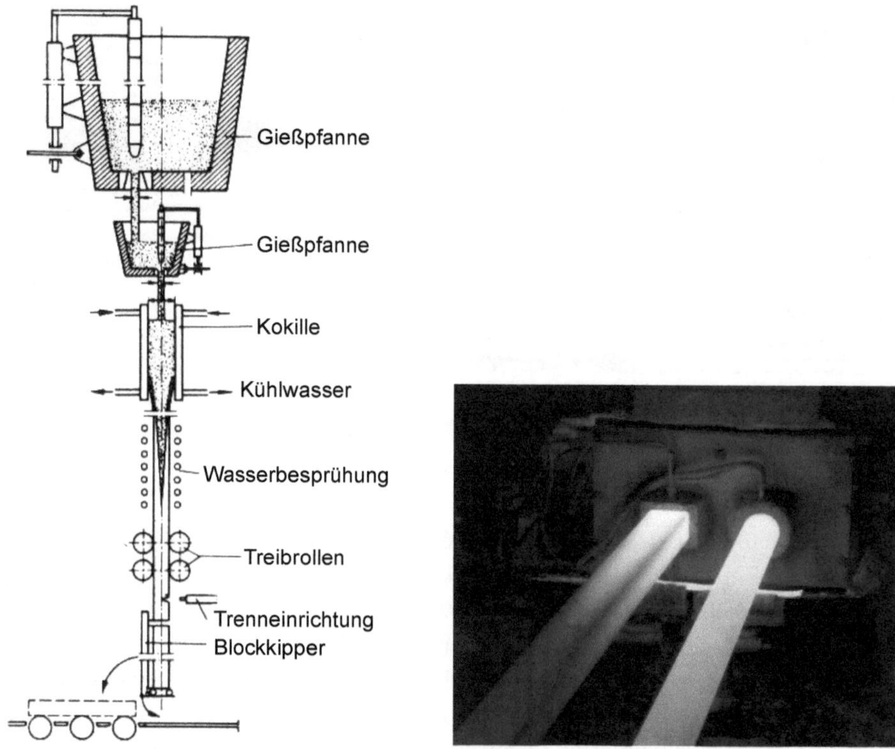

Abb. 2.22 Prinzipdarstellung des Stranggussverfahrens (nach ZGV, Gontermann-Peipers)

Tab. 2.3 Verfahren mit Dauerformen: Schleuderguss und Strangguss (nach ZGV)

	Schleudergießen	Stranggießen
zu verarbeitende Werkstoffe	Gusseisen mit Lamellen- und Kugelgraphit, Stahlguss, Leichtmetalle, Cu-Legierungen	Gusseisen mit Lamellen- und Kugelgraphit, Cu-Legierungen
Gewichtsbeschränkung	bis 5000 kg	abhängig vom Querschnitt, bis zu mehreren Tonnen
Mengenbereich	Serienfertigung, (Haltbarkeit der Kokille): 5000 bis 100.000 Stück je nach Werkstückgröße, Gusswerkstoff und Art der Kokille	Länge des Gießstrangs ist maschinenabhängig
Toleranzbereich für ein 500 mm Längenmaß[a]	1 %	0,8 %
Bauteilbeispiel	Rohre, Walzen	Profilstangen

[a]) Die angegebenen Toleranzen sind Anhaltswerte für ein Nennmaß von 500 mm. Sie sind abhängig vom Genauigkeitsgrad, von der Werkstückgröße und dem Werkstoff.

2.4.3 Verfahren mit verlorenen Formen und verlorenen Modellen

Diese Variante des Gießens ermöglicht den Einsatz nicht teilbarer Modelle, die allerdings genauso wie die Gießformen nur einmal verwendet werden können. Zu den Gießverfahren mit verlorenen Formen und verlorenen Modellen zählen:

- das Feingießen,
- das Vollformgießen.

Feinguss

Beim Feingießen werden zunächst Wachsmodelle hergestellt. Mehrere Modelle werden zu einer Traube mit gemeinsamem Anguss verklebt (Abb. 2.23). Durch mehrmaliges Tauchen der Modelltraube in einen feinkeramischen Schlicker und jeweils anschließendes Besanden und Trocknen (bis zu 24 h) erhält die Traube eine Schale, aus der der

1. Modellherstellung

2. Montage der Gießeinheit

3. Tauchen und Besanden

4. Schalenform

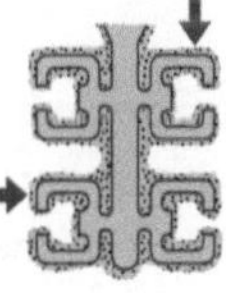

5. Modellausschmelzen und Brennen

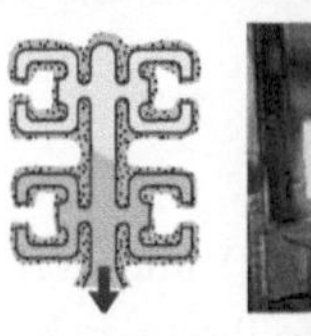

6. Gießen

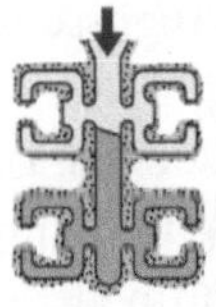

7. Entformen

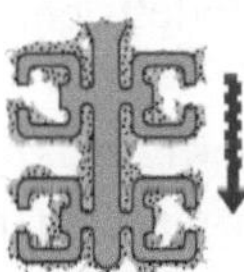

Abb. 2.23 Verfahrensablauf beim Feingussverfahren [ZGV87], (Quelle: Feinguss Blank)

Verdichterlaufrad
Werkstoff: G-X 5 CrNiMo 16 5
Stückgewicht: 16 kg

Gehäuse, Laufrad und Deckel für eine Pumpe in der Nahrungsmittelindustrie
Werkstoff: G-X 5 CrNiMoNb 18 10
Gehäusedurchmesser: 220 mm
Stückgewichte: bis 4,5 kg

Abb. 2.24 Beispiele feingegossener Bauteile (Quelle: Thyssen AG)

Modellwerkstoff anschließend ausgebrannt wird. Nach dem Brennen (Erhöhung der Festigkeit; Entfernen etwaiger Modellrückstände) folgt der Abguss in die noch heiße Form. Dadurch ist es möglich, auch feinkonturige Werkstücke und solche mit geringen Wandstärken herzustellen.

Das Feingießen bietet eine große Freiheit hinsichtlich der Gießwerkstoffe und der geometrischen Komplexität der Bauteile. Die Anzahl der verwendbaren Legierungen ist praktisch unbegrenzt. Einige Beispiele feingegossener Bauteile sind in Abb. 2.24 dargestellt.

Anwendung findet der Feinguss sowohl bei komplizierten Kleinteilen als auch bei Bauteilen aus Werkstoffen, die anders nur schwer oder unwirtschaftlich bearbeitet werden können (hochwarmfeste Gasturbinenteile). Aufgrund der verwendeten Maschinen und des Zeitaufwandes des Verfahrens entstehen verhältnismäßig hohe Kosten. Daher wird der Feinguss vorwiegend für Kleinserien oder Spezialbauteile, wie z. B. einkristalline Turbinenschaufeln, eingesetzt (Abb. 2.24).

Vollformguss

Das Modell beim Vollformgießen besteht aus Hartschaum (Polyurethan) und verbleibt nach dem Einformen in dem Formsand. Erst die einfließende Schmelze lässt das Modell nahezu rückstandsfrei vergasen, sodass für jeden Abguss ein Modell erforderlich ist. Aufgrund des einteiligen Modells entsteht kein Grat und es können komplexe Abgüsse realisiert werden (Abb. 2.25).

Die Kosten und die Fertigungszeit für ein Schaumstoffmodell betragen nur einen geringen Teil der Kosten für ein Dauermodell aus Holz oder Kunststoff, das beim Sandguss verwendet wird. Dies resultiert daraus, dass die Bearbeitung des Schaumstoffmodells mit

1. Modellherstellung

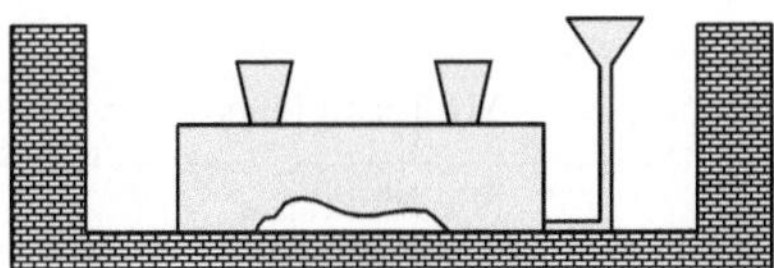

2. Einformen in Sand

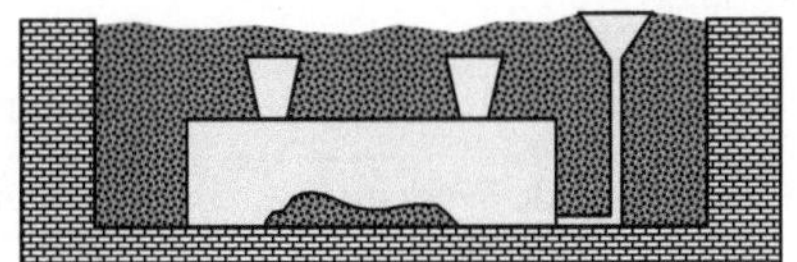

3. Gießen und Modellverdampfen

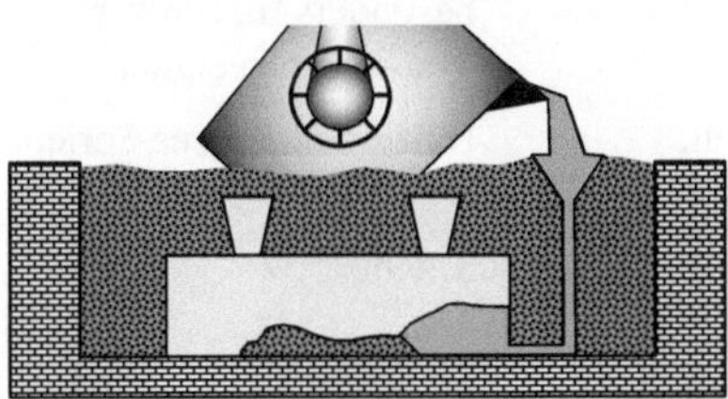

4. Fertiges Gussteil

Abb. 2.25 Verfahrensablauf Vollformgießen [VDG05]

herkömmlichen Maschinen, wie Bandsägen, Schleifmaschinen und Bohrwerken mit nur geringem Werkzeugverschleiß möglich ist. Das Modell kann aus mehreren Teilen hergestellt werden, die anschließend verklebt werden. Da keine Modellentnahme stattfindet, sind auch Hinterschneidungen, ohne den Einsatz von Kernen und Formschrägen, mit diesem Verfahren herstellbar.

Das Verfahren eignet sich besonders zum Herstellen großer Werkstücke, kleiner Serien und Prototypen. Vor dem Einformen wird eine flüssige feuerfeste Masse, die Schlichte, auf das Modell aufgetragen. Ein Beispiel eines für den Vollformguss hergestellten Modells ist in der Abb. 2.26 dargestellt.

Die folgende Tab. 2.4 gibt einen Überblick über die Verfahren mit verlorenen Formen und verlorenen Modellen.

Abb. 2.26 Für den Vollformguss hergestelltes Schaumstoffmodell (Quelle: Gußwerk Waltenhofen)

Tab. 2.4 Verfahren mit verlorenen Formen und verlorenen Modellen (nach ZGV) [DIN8062, DIN8062a]

	Feingießen	Vollformgießen
zu verarbeitende Werkstoffe	alle Metalle	alle Metalle
Gewichtsbeschränkung	1 g bis 100 kg	keine Beschränkung (Transportgrenze), besonders für schwere Transporte geeignet
Mengenbereich	kleine bis große Serien, Einzelteile	Einzelteile, kleine Serien
Toleranzbereich für ein 500 mm Längenmaß[a]	Toleranzfeldbreite (nach DIN EN ISO 8062) 0,64 bis 3,6 mm	3 % bis 5 %
Bauteilbeispiel	Turbinenlaufräder	Maschinenbetten

[a]) Die angegebenen Toleranzen sind Anhaltswerte für ein Nennmaß von 500 mm. Sie sind abhängig vom Genauigkeitsgrad, der Werkstückgröße und dem Werkstoff. Für Neukonstruktionen ist die DIN EN ISO 8062-1 bis -3 anzuwenden.

2.5 Konstruktionsrichtlinien für Gussteile

Im folgenden Kapitel werden verfahrenstypische Fehler in Gussteilen beschrieben und daraus Richtlinien für die Konstruktion abgeleitet. Charakteristisch für den Gießprozess ist das Erstarren des Materials in der gewünschten Endkontur. Während der Erstarrung durchläuft das Material verschiedene Stadien der Volumenreduktion, die zu typischen Bauteilfehlern führen können.

2.5.1 Abkühlverhalten reiner Metalle

Die Volumenreduktion während der Abkühlung und Erstarrung wird in drei Stadien unterteilt (Abb. 2.27):

- flüssige Schwindung
- Erstarrungsschwindung
- feste Schwindung

Während der flüssigen Schwindung kommt es bei reinen Metallen zu einer linearen Reduktion des spezifischen Volumens über der Temperatur bis zum Erreichen der Erstarrungstemperatur. Beim Erstarren von reinen Metallen und eutektischen Legierungen tritt bei konstanter Temperatur ein Volumensprung auf, bei Legierungen ist dies nicht der Fall (Abb. 2.27). Bei einigen Metallen kann es bei der Abkühlung zu einer Volumenzunahme kommen (z. B. Grauguss).

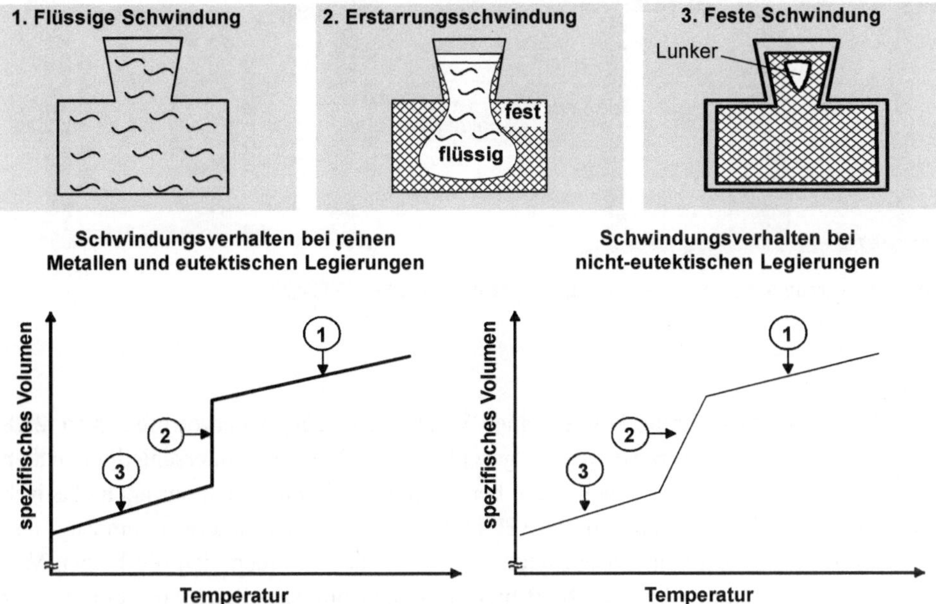

Abb. 2.27 Abkühlverhalten von Metallen

Die Abkühlgeschwindigkeit ist dem gegossenen Volumen umgekehrt proportional, d. h., dünne Querschnitte erstarren schneller als dickere. Die Volumenkontraktion während der Abkühlung in Kombination mit der volumenabhängigen Abkühlgeschwindigkeit ist für die meisten gusstypischen Fehler wie Untermaß, Verzug und Risse verantwortlich. Diese werden im Weiteren erläutert.

2.5.2 Typische Gussfehler

Lunker

Der innere Bereich eines Gussquerschnitts erstarrt normalerweise zuletzt. Wenn die Speisung unterbrochen ist, bilden sich Schrumpfungshohlräume zum Ausgleich des durch die Schrumpfung hervorgerufenen Volumendefizits, diese werden Lunker genannt. Die Lunkerbildung im Gussteil kann durch geeignete Speisungstechnik vermieden werden.

Untermaß

Untermaß entsteht durch Schwindung im festen Zustand. Durch Zuführen von Schmelze über die Speiser kann die flüssige Schwindung ausgeglichen werden. Die feste Schwindung muss mit einem Aufmaß (Schwindmaß) der Form berücksichtigt werden.

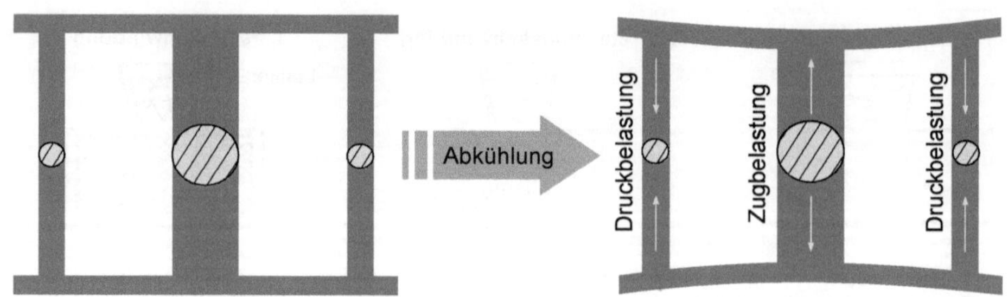

Abb. 2.28 Verzug aufgrund unterschiedlicher Materialstärken [ZGV77]

Verzug

Unterschiedliche Querschnitte können einen Verzug des Bauteils hervorrufen. Abb. 2.28 verdeutlicht den Verzug am Beispiel eines geschlossenen Gitters mit unterschiedlich dicken Querschnitten. Während die dünnen Stäbe bereits erstarrt sind und sich nur noch elastisch verformen können, zieht sich der mittlere Holm weiter zusammen, sodass in ihm Zug- und in den Stäben Druckspannungen auftreten. Darüber hinaus wölben sich die beiden Verbindungsstreben konkav. Abhilfe schafft hier ein Querschnittsausgleich oder eine bereits konvex gestaltete Form, mit der nach dem Abkühlen das gewünschte Gitter erreicht wird.

Spannungsrisse

Durch Querschnittsänderungen entstehen Eigenspannungen bei der Erstarrung des Gussgefüges. Infolge der auftretenden Spannungen kann die Dehngrenze des Werkstoffs überschritten werden und es kann zu Spannungsrissen kommen. Durch Vermeiden von Materialanhäufungen und scharfkantigen Übergängen, die hohe Kerbspannungen hervorrufen, kann die Gefahr von Spannungsrissen verringert werden.

Warmrisse

Warmrisse entstehen, wenn in einem weitgehend erstarrten Gussteil noch Reste flüssiger Phasen vorhanden sind. Ursache der Warmrissbildung ist die Erstarrungsschwindung. Die Gefahr von Warmrissen besteht besonders, wenn die Volumenkontraktion, beispielsweise durch schnellere Erstarrung dünner Querschnitte, behindert wird. Im Gegensatz zu Spannungsrissen verlaufen Warmrisse häufig interkristallin. Durch gute Speisung können Warmrisse wieder ausheilen.

Seigerungen

Als Seigerungen werden die örtlichen Anreicherungen eines Legierungsbestandteils oder von Verunreinigungen bezeichnet. Seigerungen können durch schmelzmetallurgische Maßnahmen, wie z. B. beruhigtes Vergießen, unterdrückt werden.

Einschlüsse
Metallschmelzen neigen zur Oxidbildung. Zudem sind in Metallschmelzen durch Verunreinigungen nicht-metallische Einschlüsse vorhanden. Bei der Erstarrung werden die Oxide und Verunreinigungen im Gefüge eingeschlossen. Durch schmelzmetallurgische Maßnahmen kann die Oxidbildung teilweise unterdrückt werden.

Gasblasen
Die Gaslöslichkeit von Metallschmelzen nimmt mit sinkender Temperatur ab. Insbesondere beim Übergang vom flüssigen in den festen Zustand werden erhebliche Gasmengen freigesetzt. Falls die Gasblasen nicht ungehindert zur Schmelzoberfläche aufsteigen können, werden die Gasblasen im Gussteil eingeschlossen. Durch technologische und schmelzmetallurgische Maßnahmen, wie beispielsweise das langsame Abkühlen der Schmelze, kann das Auftreten von Gasblasen vermieden werden.

2.5.3 Form- und gießgerechte Konstruktion

Durch gießgerechte Konstruktion kann die Gefahr von Gussfehlern reduziert werden. Abb. 2.29 zeigt Richtlinien für die Gestaltung von Knotenpunkten und Wandverdickungen an Gussteilen.

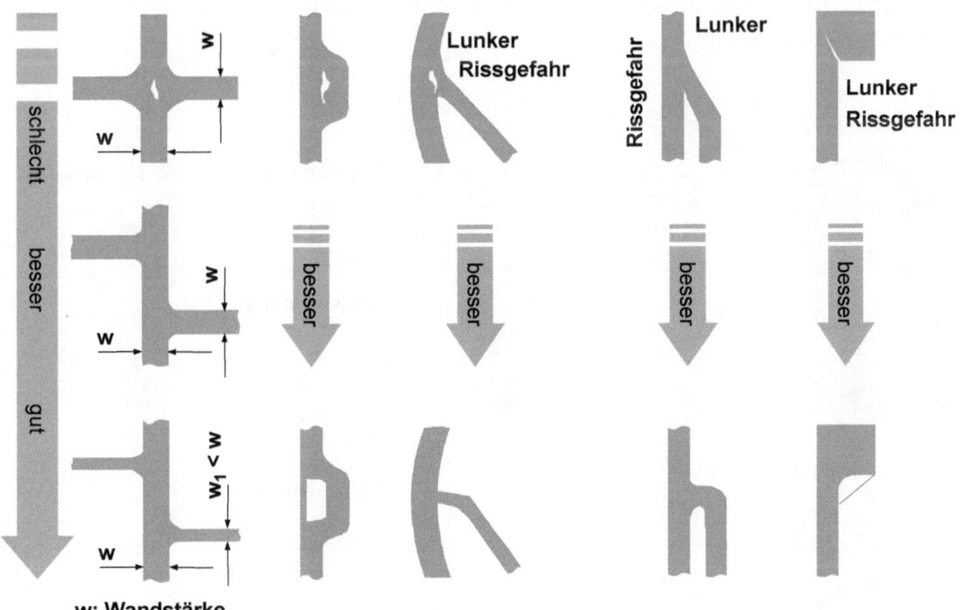

Abb. 2.29 Gestaltung von Knotenpunkten [ZGV66]

Das Vermeiden von Materialanhäufungen ist eine wichtige Grundregel für das Konstruieren in Guss. Wanddickenunterschiede lassen sich jedoch aus funktionellen Gründen nicht immer vermeiden. Allmähliche Übergänge, z. B. durch Radien, haben sich gegenüber scharfkantigen Übergängen als günstiger erwiesen.

Nach dem Abguss muss das Gussstück aus der Form herausgetrennt werden. Bei Verfahren mit verlorenen Formen und Dauermodellen (z. B. Handformen, Maskenformen) und Verfahren mit verlorenen Formen und verlorenen Modellen (z. B. Feinguss, Vollformguss) wird die Gussform nach dem Abguss zerstört. Bei Verfahren mit Dauerformen (z. B. Kokillenguss, Druckguss) ist dies nicht möglich. Daher muss bei diesen Verfahren die Entformbarkeit gewährleistet sein. Insbesondere Hinterschneidungen und Durchdringungen bereiten hierbei Probleme. Beispielsweise beim Druckgießen können Durchdringungen durch bewegliche Dauerkerne hergestellt werden. Bei der Konstruktion ist darauf zu achten, dass die Kerne aus dem Gussstück herausgezogen werden können, ohne dass dieses beschädigt wird.

2.5.4 Beanspruchungsgerechte Konstruktion

Eine wichtige Voraussetzung für die beanspruchungsgerechte Konstruktion von Gussteilen ist die Kenntnis der im Betrieb auftretenden Belastungen nach Größe und Richtung. Hochbeanspruchte Gussteile sollten nach Möglichkeit auf Druck und nicht auf Zug belastet werden (Abb. 2.30). Dieser Grundsatz ist insbesondere bei der Konstruktion von Verrippungen zu beachten.

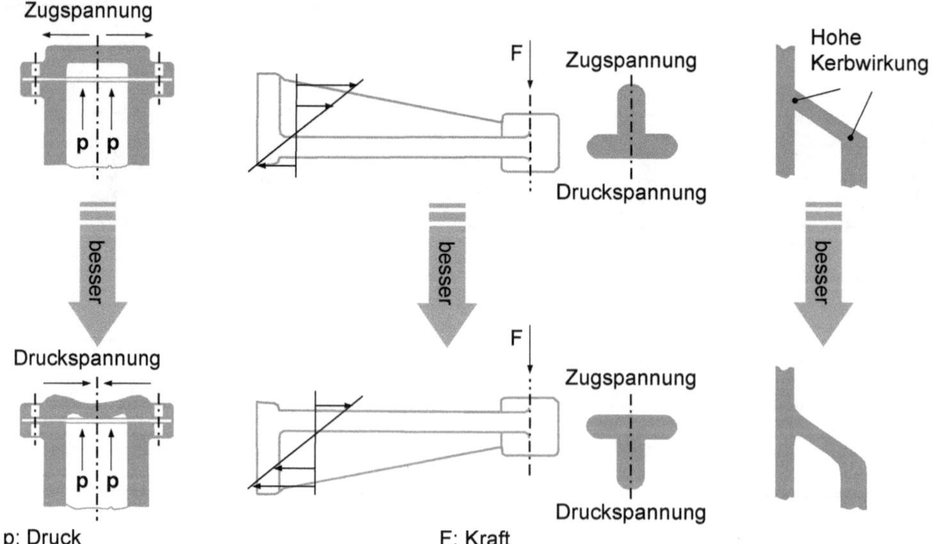

Abb. 2.30 Zug- und Druckverteilung an gegossenen Bauteilen [ZGV66]

2.5.5 Bearbeitungsgerechte Konstruktion

Ein Großteil der gefertigten Gusstücke bedarf vor dem betrieblichen Einsatz einer spanenden Nachbearbeitung, für die es ebenfalls einige Grundregeln zu beachten gilt:

- Die spätere Bearbeitungstechnik muss berücksichtigt werden. Die Bearbeitungsflächen sind fertigungsgerecht zu gestalten. Beispielsweise verhindert eine normal zur Werkstückoberfläche stehende Bohrungsachse ein Verlaufen des Bohrers.
- Spannmöglichkeiten sind vorzusehen. Durch das Anbringen von Spannnocken können Bauteile einfach fixiert werden (Abb. 2.31).
- Ein Auslauf für die Bearbeitungswerkzeuge ist vorzusehen. Am Beispiel eines Vorrichtungskörpers ist dieser Konstruktionsgrundsatz verdeutlicht (Abb. 2.31). Die Bearbeitungszugabe in der ersten Ausführung muss im Bereich der Ecke aufwendig abgearbeitet werden. Durch Vorsehen eines Werkzeugauslaufes kann die Ecke durch Fräsen und Hobeln vergleichsweise einfach hergestellt werden.
- Durch eine spanende Bearbeitung können Eigenspannungen freigesetzt werden, die den Verzug des Bauteils bewirken.

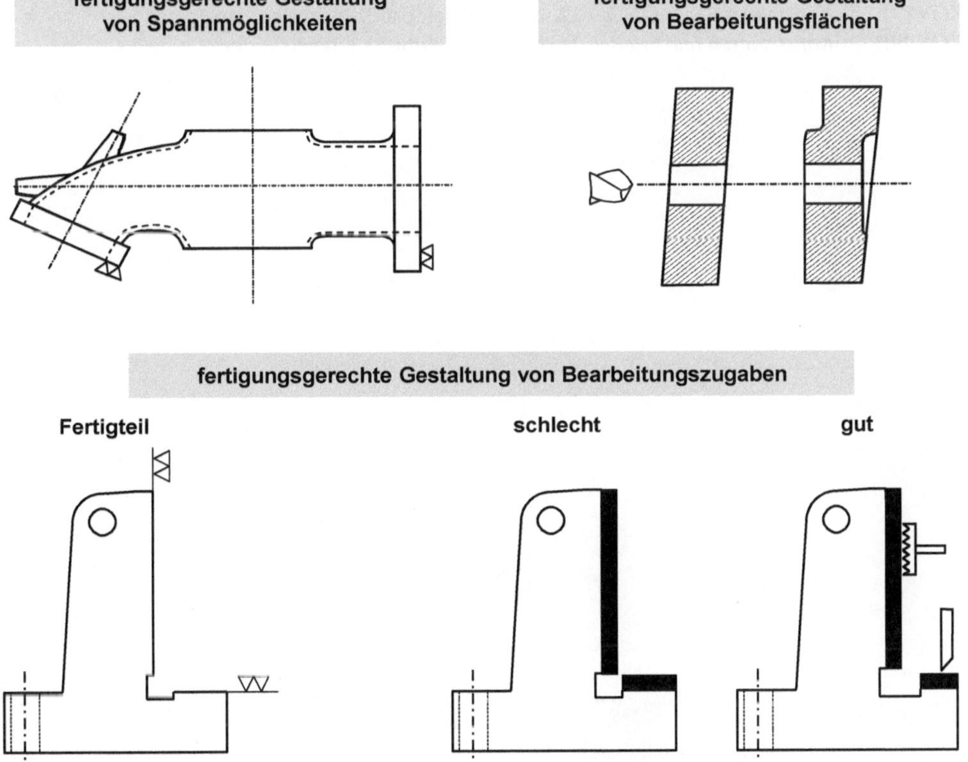

Abb. 2.31 Richtlinien für die bearbeitungsgerechte Konstruktion [ZGV66]

Literatur

[Brun94] Brunhuber, E.: *Gießerei-Lexikon,* Berlin, Fachverlag Schiele & Schön, 1994

[DIN8062] DIN EN ISO 8062: *Geometrische Produktspezifikationen (GPS) – Maß-, Form- und Lagetoleranzen für Formteile Formteile – Teil 1: Begriffe.* Deutsches Institut für Normung (Hrsg.), Berlin: Beuth Verlag, 2007

[DIN8062a] DIN EN ISO 8062-3: *Geometrische Produktspezifikationen (GPS) – Maß-, Form- und Lagetoleranzen für Formteile – Teil 3: Allgemeine Maß-, Form- und Lagetoleranzen und Bearbeitungszugaben für Gussstücke.* Deutsches Institut für Normung (Hrsg.), Berlin: Beuth Verlag, 2007

[DIN8580] DIN 8580: *Fertigungsverfahren - Begriffe, Einteilung.* Deutsches Institut für Normung (Hrsg.), Berlin: Beuth Verlag, 2003

[Piwo58] Piwowarsky, E.: *Hochwertiges Gusseisen*, Berlin, Springer Verlag, 1958, S.211

[Spir82] Spiridonov, A.: *Kupfer in der Geschichte der Menschheit,* Leibzig, VEB Verlag für Grundstoffindustrie, 1982, S.10/15

[Spur81] Spur, G.: *Handbuch der Fertigungstechnik,* Bd.1 Urformen, München, Hanser Verlag, 1981

[VDG05] *VDG Grundlagen der Gießereitechnik – Eine kompakte PowerPoint-Präsentation,* Düsseldorf, Verein Deutscher Gießereifachleute e.V. (VDG), 2005

[Wueb89] Wübbenhorst, H.; Engels, G.: *5000 Jahre Gießen von Metallen,* Düsseldorf, Gießerei-Verlag GmbH, 1989

[ZGV66] *Konstruieren mit Gußwerkstoffen*, Düsseldorf: Gießerei-Verlag, 1966

[ZGV77] *Gießen – für spanabhebende Werkzeugmaschinen*, Düsseldorf: VDI-Verlag, 1977

[ZGV87] *Konstruieren und Gießen* 12, Nr.2. Düsseldorf: VDI-Verlag, 1987

[ZGV99] *Konstruieren und Gießen* 24, Nr.3. Düsseldorf: VDI-Verlag, 1999

3 Pulvermetallurgie

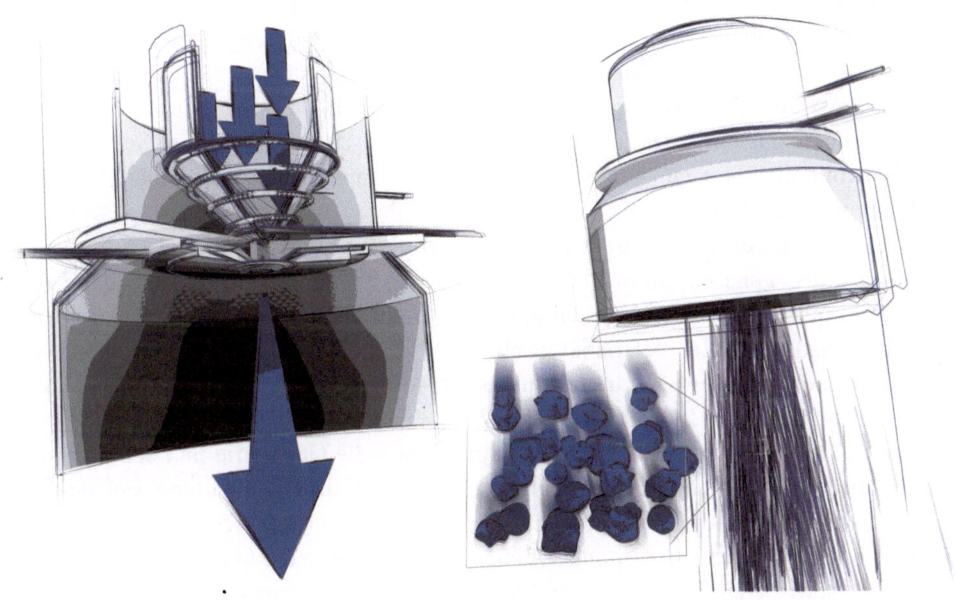

F. Klocke, *Fertigungsverfahren 5*, VDI-Buch,
https://doi.org/10.1007/978-3-662-54728-1_3

3.1 Einleitung

Die Terminologie zur pulvermetallurgischen Fertigung ist in DIN EN ISO 3252 zusammengefasst. Der Begriff „Pulvermetallurgie“ umfasst das Herstellen von metallischem Pulver und das Herstellen von Bauteilen aus Pulver durch Formen (Formgebung) und Sintern. Sintern ist eine Wärmebehandlung von geschüttetem Pulver oder eines Presskörpers aus Pulver bei Temperaturen unterhalb des Schmelzpunktes des Grundwerkstoffes, um die Festigkeit zu erhöhen. Die Erhöhung der Festigkeit entsteht durch Zusammenwachsen der Pulverteilchen, die treibende Kraft ist die Diffusion [DIN3252].

Pulvermetallurgische Fertigungsverfahren werden bevorzugt in der Massenfertigung angewendet. In Sonderfällen werden auch kleine und mittlere Stückzahlen gefertigt. Durch pulvermetallurgische Fertigung können Bauteile hergestellt werden, bei denen in eine duktile Metallmatrix Karbide, Nitride oder auch kubisches Bornitrid oder Diamanten gleichmäßig verteilt eingelagert sind. Beispiele hierfür sind z. B. das Fertigen von metallgebundenen Diamant- und CBN-Werkzeugen, Hartmetallen und Cermets sowie von metallischen Reib- und Kupplungsbelägen mit eingelagerten Hartstoffen. Durch eine gezielte Wahl der Press- und Sinterbedingungen ist es auch möglich, durch Sintern ein Metallskelett zu erzeugen, das mit einem offenen Porensystem durchzogen ist. Beim Schüttsintern ist dies gewollt, die Porosität kann bis zu 90 % des Gesamtvolumens einnehmen. Beispiele sind Flammsperren, Filter und Dämmelemente. Die Poren können aber auch geschlossen werden. Dies kann entweder direkt beim Sintern mit einer niedrigschmelzenden Phase geschehen (Flüssigphasensintern) oder die Poren werden in einem nachfolgenden Fertigungsschritt infiltriert. Das Zusammenführen von metallischen Legierungselementen mit sehr unterschiedlichem Schmelzpunkt ist ebenfalls durch Sintern möglich. Hochtemperaturkontaktwerkstoffe oder auch in der Funkenerosion verwendete Wolfram-Kupferlegierungen stehen hierfür als Beispiele.

In vielen Fällen sind Serienteile so konstruiert, dass die Geometrie und der Werkstoff grundsätzlich mehrere Herstellungsverfahren zulassen. Für die Entscheidung, welches Verfahren vorzuziehen ist, sind sowohl technische Forderungen (eine sichere Funktionalität) als auch wirtschaftliche Gesichtspunkte maßgebend. Verfahren der Massiv- und der Blechumformung sowie Trenn- und Gießverfahren stehen in Konkurrenz zur Pulvermetallurgie.

Im Folgenden werden bevorzugt pulvermetallische Fertigungsverfahren vorgestellt, bei denen Eisenwerkstoffe verarbeitet werden. In Einzelfällen wird auch kurz auf die Besonderheiten bei der Verarbeitung von anderen metallischen und nichtmetallischen Stoffen eingegangen, außerdem wird das Pulverspritzgießen und Sintern (PIM Powder Injection Moulding, MIM Metal Injection Moulding) angesprochen und eingeordnet.

Nach DIN 8580 werden die pulvermetallurgischen Fertigungsverfahren der Hauptgruppe 1 „Urformen“ zugeordnet [DIN8580]. Für die Bildung des Stoffzusammenhangs muss allerdings auch das Sintern durchgeführt werden, das der Hauptgruppe 6 „Stoffeigenschaft ändern“ zuzuordnen ist. Beim Sinterschmieden kommen zusätzlich die Merkmale des Umformens zum Tragen und auch Fügeprozesse können in der Pulvermetallurgie parallel zum Sintern angewendet werden. Hier wird deutlich, dass die pulvermetallurgischen Fertigungsverfahren mit einer Vielzahl von Technologien kombiniert werden können, die in DIN 8580 in einzelnen Hauptgruppen klassifiziert sind. Dies lässt bereits die Vielzahl der Verfahrensvarianten der Pulvermetallurgie erkennen.

Für die Anwendung der Pulvermetallurgie lassen sich zusammenfassend folgende Hauptgründe nennen:

- Erzeugung von Werkstoffen mit spezifischen Eigenschaften, die nur pulvermetallurgisch herstellbar sind; z. B. Metalle mit hohem Schmelzpunkt, Hartmetalle, Legierungen aus Metallen mit sehr unterschiedlichen Schmelzpunkten, Werkstoffe mit definierter Porosität.
- Erzeugung von Werkstoffen, die nach anderen Verfahren nur mit großem Aufwand herstellbar sind; z. B. Reinstmetalle und -legierungen, Werkstoffe mit gleichmäßigen Eigenschaften, Legierungszusammensetzungen und Gefügen.
- Wirtschaftliche Herstellung von Serien ab etwa 5000 Stück.
- Bauteilgewicht von etwa 1 g bis 2500 g.
- Gleichmäßigkeit in Form und Abmessungen innerhalb einer Serie; gute Oberflächenqualität, enge Gewichtstoleranz, enge Maßtoleranz.
- Herstellbarkeit komplizierter Formen mit engen Toleranzen, wie Verzahnungen, Kurven, Formlöcher usw.
- Gute Gleiteigenschaften durch Infiltrieren der Poren mit Öl oder anderen Gleitwerkstoffen.
- Einbaufertige Ausformung, die nur in Ausnahmefällen eine spanabhebende Nacharbeit erfordert.
- Bei der Verarbeitung von Eisenlegierungen besteht die Möglichkeit zur Einsatzhärtung, Vergütung oder Dampfbehandlung von Sinterbauteilen. Die Härtbarkeit ist dank des gleichmäßigen Gefüges und der konstanten Materialzusammensetzung besonders gut.
- Sehr gute Werkstoffausnutzung und geringer Energiebedarf.

3.2 Pulverauswahl

3.2.1 Pulverherstellung

Zur Herstellung metallischer Pulver gibt es mehrere sehr unterschiedliche Herstellungsverfahren. Die wichtigsten sind die Direktreduktion von Eisenerzen mit anschließender Zerkleinerung des porösen Eisenschwamms und das Verdüsen von Schmelze mit Gas oder Wasser.

In Abb. 3.1 ist die Herstellung von Pulver aus Eisenerz dargestellt. Eisenerz wird getrocknet, zerkleinert und anschließend mit einer Reduktionsmischung aus Feinkoks und Kalkstein in Keramikzylinder gefüllt.

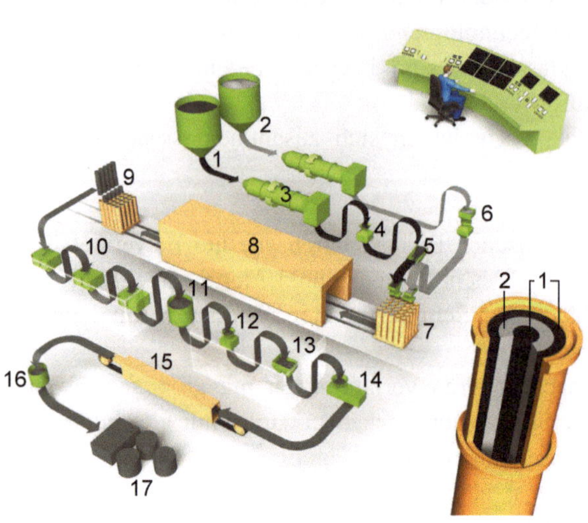

1. Reduktionsmischung
2. Eisenerz
3. Trocknen
4. Mahlen
5. Kontrollsieben
6. Magnetische Separation
7. Füllen keramischer Hülsen
8. Reduktion im Tunnelofen bei ca. 1200°C
9. Entleeren der Hülsen
10. Vormahlen
11. Lagerung in Silos
12. Mahlen
13. Magnetische Separation
14. Zerkleinerung und Kontrollsieben
15. Anlassen im Bandofen bei ca. 800-900°C
16. Homogenisieren
17. Automatisches Verpacken

Abb. 3.1 Reduktionsverfahren (Quelle: Höganäs AB)

Das Eisenerz ist von zwei Schichten der Reduktionsmischung umgeben. Die Reduktion erfolgt in einem Ofen bei ca. 1200 °C und der entstandene Rohschwamm wird in einer Vielzahl von Prozessschritten (Abb. 3.1) zu Sinterpulver aufbereitet. Die Pulver besitzen eine unregelmäßige, spratzige Form. Sie lassen sich gut pressen und die Grünfestigkeit des Presslings ist relativ hoch. Das durch diesen Reduktionsprozess entstandene Eisenpulver ist allerdings auch porös (Abb. 3.1), man nennt es deshalb auch Schwammeisenpulver. Die Pulverporosität hat zur Folge, dass Grünlinge aus Schwammeisenpulver eine vergleichsweise hohe Porosität aufweisen.

Eine weitere Art zur Pulverherstellung ist die Verdüsung einer Schmelze durch Wasser oder Gas. Sie liefert sowohl sehr reines Eisenpulver mit hoher Kompressibilität als auch legierte Pulver, bei denen die gewünschte Legierungszusammensetzung in jedem einzelnen Pulverkorn vorliegt. Die hochreine Schmelze wird im Allgemeinen in einem Lichtbogenofen erzeugt. Der Wasserverdüsungsprozess ist in Abb. 3.2 dargestellt. Die Schmelze wird aus einer Gießwanne durch eine Düse gegossen, und der Metallstrahl wird im Wasserstrom zerstäubt. Metallstrahldurchmesser, Zerstäubungsstrahlgeschwindigkeit, Anströmwinkel und Anzahl der Strahldüsen bestimmen die Pulverform und die Korngrößenverteilung.

Durch die Wärmekapazität des Wassers wird dem Metall schnell die Wärme entzogen. Die Pulverteilchen erstarren, bevor sie eine vollständige globulare Form erreicht haben. Deshalb haben wasserverdüste Pulver ebenfalls eine eher spratzige Morphologie (Abb. 3.3). Anschließend wird das Pulver getrocknet, gefiltert und spannungsarm geglüht. Gepresste Grünlinge aus wasserverdüstem Eisenpulver haben ebenfalls eine gute Grünfestigkeit.

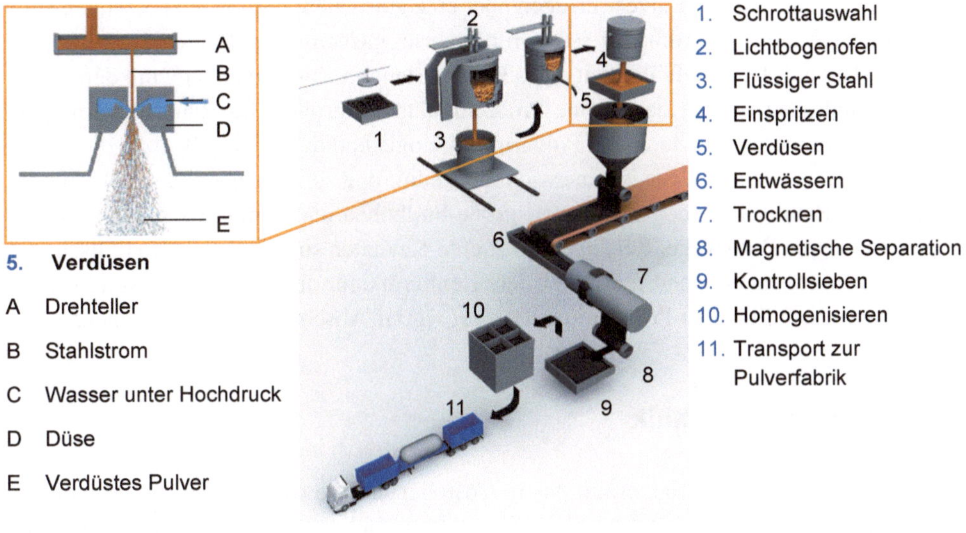

Abb. 3.2 Wasserverdüsungsverfahren (Quelle: Höganäs AB)

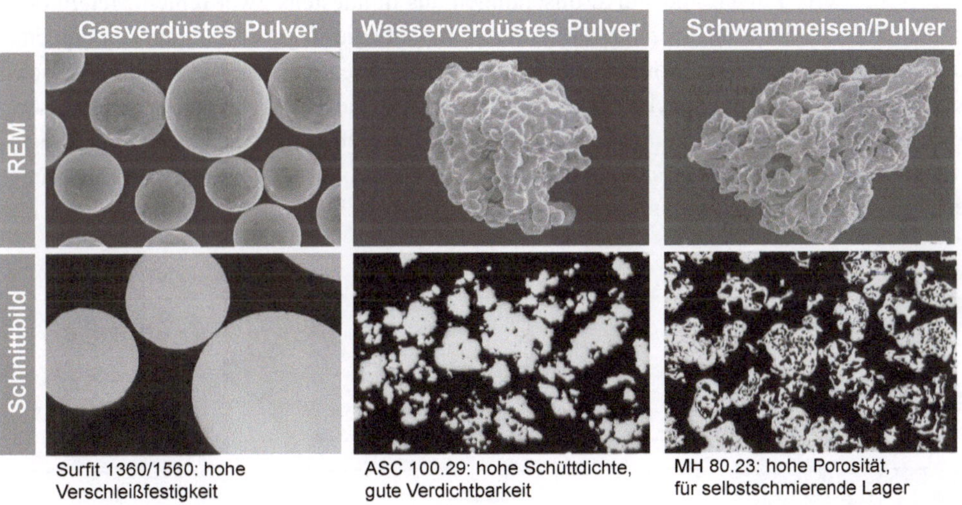

Abb. 3.3 Pulverform und -morphologie (Quelle: Höganäs AB)

Zur Herstellung von Pulvern mit sehr reaktiven Legierungselementen wird die Verdüsung in einem Gasstrahl angewendet. Der Herstellungsprozess läuft im Prinzip in den gleichen Schritten ab, wie bei der Wasserverdüsung. Als Zerstäubungsgase werden Mischungen aus Wasserstoff und Stickstoff oder auch Inertgase (Argon) verwendet. Die Abkühlung der Partikel erfolgt aufgrund der geringeren Wärmekapazität von Gas langsamer als bei der Wasserverdüsung. Die Metallpartikel erstarren langsamer und nehmen deshalb sphärische Formen an (Abb. 3.3). Gasverdüste Pulver verfügen über eine gute Fließfähigkeit und erzeugen eine gute Raumausfüllung. Allerdings weisen Grünlinge aus gasverdüstem Pulver eine geringere Grünfestigkeit auf. Die Fließfähigkeit eines Pulvers steht im Zusammenhang mit der Formfüllgeschwindigkeit und ist damit eine Produktivitätskenngröße. Das Raumfüllvermögen der Pulver wird wesentlich durch die Pulvermorphologie und die Korngröße bzw. die Korngrößenverteilung bestimmt. Sie ist eine wichtige Kenngröße zur Auslegung des Füllraumes. Ein geringes Raumfüllvermögen erfordert große Füllhöhen und damit größere Presswerkzeuge und längere Presswege. Bei engen und tiefen Kavitäten sind ggf. mehrere Füllschritte mit Zwischenpressen notwendig. Eine weitere Kenngröße für die Verarbeitung von Pulvern ist die Kompressibilität oder Pressbarkeit. Hierauf wird in Abschn. 3.2.3 näher eingegangen.

3.2.2 Legierungstechnik

Entsprechend den Anforderungen an das herzustellende Sinterteil müssen die Metallpulver legiert werden. Als Ausgangsstoffe für die Sinterherstellung werden misch-, fertig- und anlegierte Pulvermischungen verwendet, denen presserleichternde Gleitmittel, wie Stearate, synthetische Wachse oder Graphit, zugegeben sind (Anteil an der Gesamtmenge bis 2,5 %).

Mischlegierte Pulver sind Pulvermischungen aus mindestens zwei reinen Metallkomponenten (Abb. 3.4). Die Pressbarkeit wird durch die Legierungsbestandteile kaum beeinträchtigt, weil die reinen Komponenten verdichtet werden, die im Vergleich zu Mischkristallen oder intermetallischen Phasen geringe Formänderungswiderstände aufweisen. Bei mischlegierten Pulvern kann es durch Erschütterungen beim Transport und ggf. auch in der Verarbeitung zur Entmischung kommen. Die Bildung der gewünschten Legierung erfolgt während des Sinterns durch Diffusion, wenn nicht niedrigschmelzende flüssige

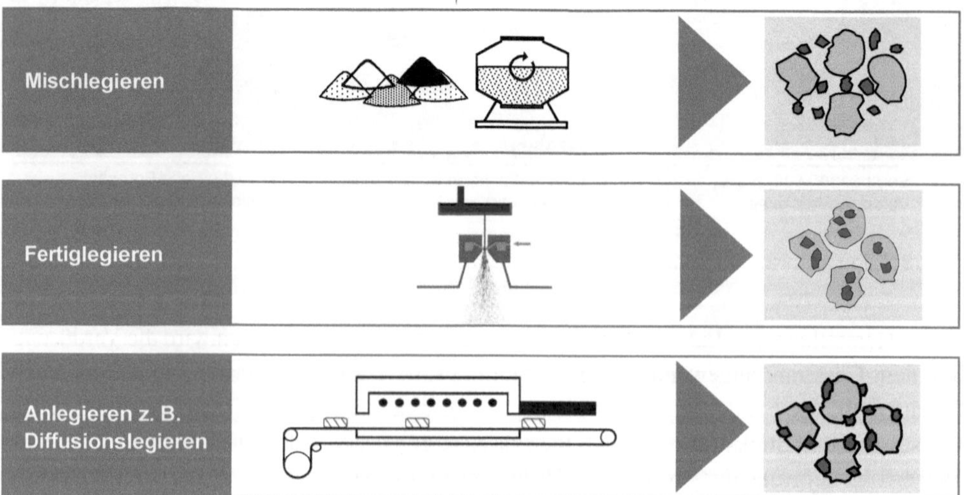

Abb. 3.4 Legierungstechniken

Phasen (z. B. beim Vorhandensein von Bronzen) auftreten. Zur vollständigen Homogenisierung des Gefüges erfordert die Verarbeitung von mischlegierten Pulvern im Allgemeinen höhere Sintertemperaturen und längere Sinterzeiten als die Verarbeitung von fertiglegierten Pulvern. Die Sinteratmosphäre ist ebenfalls von Bedeutung, insbesondere dann, wenn sauerstoffaffine Stoffe verarbeitet werden.

Bei fertiglegierten Pulvern hat jedes Pulverteilchen die Legierungszusammensetzung des fertigen Sinterwerkstoffs. Die Ausnutzung der Legierungskomponenten ist sehr gut, die Pressbarkeit ist im Vergleich zu Pulvermischungen und auch zu Fertiglegierungen jedoch schlechter, weil die Pulverteilchen jetzt schon die Legierung repräsentieren und deshalb die Formänderungswiderstände höher sind. Fertiglegierte Pulver werden durch Verdüsen hergestellt.

Anlegierte Pulver werden in diffusionslegierte und adhäsionslegierte Pulver aufgeteilt. Bei dieser Technologie werden das Mischlegieren und das Fertiglegieren miteinander kombiniert. Beim Diffusionslegieren geht man von einer Pulvermischung aus, die einer Wärmebehandlung unterzogen wird, in der die Legierungselemente an der Oberfläche des Grundwerkstoffs durch Diffusion anwachsen. Eine vollständige Homogenisierung des Gefüges findet nicht statt. Die Kompressibilität ist gut, Entmischungsvorgänge werden vermieden und die Sinterzeiten sind geringer. Bei den adhäsionslegierten Pulvern besteht die Verbindung zwischen dem Grundmaterial und den Zusätzen aus Adhäsionsbindungen. Diese Bindungsart ist nicht so stabil wie die Diffusionsbindung, führt aber zu ähnlichen Eigenschaften in der Weiterverarbeitung. Außerdem können Zusatzstoffe, wie z. B. Graphit, die durch Diffusion nicht an Eisen gebunden werden können, am Grundmaterial angebunden werden.

3.2.3 Werkstoffklassifikation

Klassifizierung nach Raumerfüllungsgrad

Hauptkriterien für die Gebrauchseigenschaften der Sinterwerkstoffe sind nach DIN 30910 der Raumerfüllungsgrad bzw. der Porenraum [DIN30910].

Die Raumerfüllung R_{xP} ist das Verhältnis aus der Dichte des Sinterkörpers ρ_s zu der Dichte des porenfreien Körpers ρ gleicher Zusammensetzung in %:

$$R_{xP} = \frac{\rho_s}{\rho} \cdot 100\% \tag{3.1}$$

Für die Porosität P gilt:

$$P = 100\% - R_{xp} \tag{3.2}$$

Ist die Porosität so hoch, dass ein Porennetzwerk entsteht, spricht man von offener Porosität.

Es werden superkompressible, hochkompressible und normalkompressible Pulver unterschieden [Zapf77]. Superkompressible Pulver erfordern für die gleiche Pressdichte wesentlich geringere Pressdrücke als normalkompressible Pulver. Dies verringert den Presswerkzeugverschleiß und die Werkzeugbelastung, allerdings sind die Pulverkosten höher. Auf die Pressbarkeit und die Verdichtbarkeit wird in Abschn. 3.2.5 näher eingegangen.

Schüttsintern	Einfach-Sintern	Zweifach-Sintern	Pulverschmieden	Infiltrieren von Sinterteilen
SINT-AF	SINT-AF, SINT-A, SINT-B, SINT-C	SINT-D, SINT-E	SINT-F, SINT-S	SINT-G
▪ Schütten ▪ Sintern ▪ Kalibrieren ▪ Öltränken	▪ Pulvermischen ▪ Pressen ▪ Sintern ▪ Kalibrieren ▪ Öltränken	▪ Pulvermischen ▪ Pressen ▪ Vorsintern ▪ Nachpressen ▪ Nachsintern ▪ Kalibrieren ▪ Nachbehandlung	▪ Pulvermischen ▪ Pressen ▪ Sintern ▪ Schmieden ▪ Nachbehandlung	▪ Pulvermischen ▪ Pressen ▪ Sintern ▪ Infiltrieren ▪ Nachbehandlung
Hochporöse Erzeugnisse z. B.: Filter, Flammsperren, Drosseln	Großer bis mittlerer Porenraum, geringe Festigkeit; z. B.: Gleitlager, Führungsringe, Formteile	Kleiner Porenraum, sehr gute bis sehr hohe Festigkeit z. B.: KFZ-Teile wie Haltegriff, Türgriff, Ölpumpenzahnrad	Sehr kleiner Porenraum, höchste Festigkeit z. B.: Gelenkhebel, Motorpleuel, Getriebeteile	Praktisch auf null reduzierter Porenraum, sehr gute Festigkeit z. B.: Flüssigkeits-dichte Bauteile

Abb. 3.5 Zuordnung Materialien und Anwendungen

Die Klassifizierung von Sinterteilen erfolgt durch neun Dichteklassen, bezeichnet nach SINT AF, SINT A bis SINT G, die durch unterschiedliche Raumerfüllung bzw. Porosität unterschieden werden.

Zur Erzielung von Sinterwerkstoffen mit unterschiedlicher Dichte bzw. Raumerfüllung sind fünf Herstellungsgruppen bekannt (Abb. 3.5). Das Schüttsintern zur Herstellung der Klasse SINT-AF nimmt dabei eine Sonderstellung ein, weil das übliche Pressen des Pulvers zu einem Grünling entfällt. Das Pulver wird in loser Schüttung gesintert. Dabei wird die Formgebung von einer wärmebeständigen Hohlform übernommen.

Die Klassen SINT-AF bis SINT-C werden durch Pulvermischen, Pressen und Sintern zu Bauteilen mit größerer bis mittlerer Porosität hergestellt. Die Porosität ist bestimmend für die bevorzugte Anwendung im Bereich der mit Schmierstoffen tränkbaren Gleitlager. Weiterhin werden Formteile aus diesen Werkstoffen gefertigt. Zu niedrigeren Porositätsgraden und damit zu höheren Festigkeiten und Dichten der Klassen SINT-D und SINT-E gelangt man durch das Zweifachsintern.

Durch das Infiltrieren mit niedriger schmelzenden Metallen erhält man Sinterwerkstoffe mit Dichten, die denen der erschmolzenen Metalle sehr nahe kommen (SINT-G). Werkstoffe mit höchsten Dichten und Festigkeiten (SINT-F und SINT-S) werden durch Pulverschmieden erzeugt. Allen Herstellungsgruppen können sich Kalibrier- und/oder Nachbehandlungsschritte anschließen.

Einteilung nach Legierungssystemen

In der Pulvermetallurgie konnten bisher nur Legierungselemente mit einer geringen Sauerstoffaffinität eingesetzt werden, da die Oxidation einzelner Elemente die Festigkeitseigenschaften der Werkstücke erheblich mindert. Bedingt durch die komplizierten Gasgleichgewichte im Sinterofen ließ sich die Oxidation auch durch die Wärmebehandlung unter einer Schutzgasatmosphäre nicht vermeiden.

Diese nicht vermeidbare Oxidation erlaubt bei der Herstellung von höherfestem Sinteraluminium nur den Einsatz von Al – Cu – Mg- und Al – Si – Mg-Legierungen. Sinterkupfer wird bevorzugt als Cu – Sn-, Cu – Zn- und Cu – Ni – Zn-Legierungen verarbeitet.

Der am weitesten verbreitete Sinterwerkstoff ist der Sinterstahl. Durch die wenig sauerstoffaffinen Elemente Kupfer, Nickel, Molybdän, Phosphor und Zinn wird durch eine reine Mischkristallverfestigung eine Festigkeitserhöhung des Eisenwerkstoffs erzielt. Die binären Legierungen Fe – Cu und Fe – Ni haben die größte Bedeutung erlangt. Die Wirkung des Nickels bleibt hinter der Wirkung des Kupfers zurück, sodass höhere Ni-Gehalte bei gleichen erreichbaren Festigkeitswerten benötigt werden. Die Fe – Ni-Legierungen haben jedoch bei gleicher Festigkeit eine größere Zähigkeit und sind besser schweißbar. Die ternären Fe – Cu – Ni-Legierungen zeichnen sich durch eine verhältnismäßig gute Bruchdehnung bei hoher Festigkeit aus. Es werden im Wesentlichen Legierungen mit 1,0 % bis 5,0 % Cu und 1,0 % bis 6,0 % Ni eingesetzt. Diese Fe – Cu – Ni-Legierungen mit der Bezeichnung SINT-D30 erreichen Festigkeiten bis zu 650 N/mm².

Die Einteilung der Sinterstähle richtet sich in erster Linie nach dem Cu-Gehalt und der Masse der restlichen Legierungselemente. Sie wird durch zwei Ziffern (z. B. SINT-D30) angegeben, die hinter den Klassifizierungsbuchstaben zu setzen sind.

Dabei bedeutet die erste Ziffer:

- 0 Sintereisen und Sinterstahl mit einem Massengehalt von 0 % bis 1 % Cu, mit oder ohne C.
- 1 Sinterstahl mit einem Massengehalt von 1 % bis 5 % Cu, mit oder ohne C.
- 2 Sinterstahl mit einem Massengehalt von mehr als 5 % Cu, mit oder ohne C.
- 3 Sinterstahl mit oder ohne Cu, mit oder ohne C, jedoch mit einem maximalen Massengehalt anderer Legierungselemente von 6 %.
- 4 Sinterstahl mit oder ohne Cu, mit oder ohne C, jedoch mit einem Massengehalt von mehr als 6 % anderer Legierungselemente.
- 5 Sinterlegierungen mit einem Massengehalt von mehr als 60 % Cu.
- 6 Sintermetalle, die nicht in Ziffer 5 enthalten sind.
- 7 Sinterleichtmetalle, z. B. Sinteraluminium.

Die zweite Ziffer dient zur weiteren Unterscheidung ohne strenge Systematik.

Durch umfangreiche Forschungsarbeiten wurde es möglich, die Elemente Chrom, Mangan, Vanadium, Wolfram und Molybdän in Form ihrer Carbide in den Sinterstahl einzubringen. Die Carbide dienen dabei als Legierungsträger und lösen sich während des Sinterns bei Temperaturen um 1250 °C in der Matrix auf.

Es entsteht ein vergütbarer Sinterstahl, der bereits im unvergüteten Zustand Festigkeiten von 650 N/mm² erreicht. Die Möglichkeit, leichtmahlbare Komplexcarbide der Metalle Mn, Cr und Mo aufzubauen, hat zur Entwicklung von sog. Fe-MCM-Sinterstählen mit und ohne Zusatz von Kohlenstoff geführt. Diese haben zwar eine etwas geringere Zugfestigkeit als der reine Chrom-Carbid-Sinterstahl (900 N/mm²), die Legierungskosten sind jedoch bei guter Härtbarkeit der Werkstücke wesentlich geringer.

Diese Legierungstechnik hat aber nur begrenzt Anwendung gefunden, da die harten Carbide einen erhöhten Werkzeugverschleiß verursachen und das Kalibrieren des gesinterten Teils wegen der harten Gefügebestandteile Schwierigkeiten bereitet.

3.2.4 Materialauswahl

Die Auswahl der Pulverzusammensetzung ist an den Anforderungen in der Herstellung und im Einsatz orientiert. Aus Sicht der pulvermetallurgischen Fertigung sollen die Pulver gut fließen, eine hohe Fülldichte ergeben, gut pressbar und komprimierbar sein, die Festigkeit des Grünlings muss ausreichend sein, sie sollen gut sinterbar und die Bauteile sollen ggf. auch härtbar sein. Der Pulvereinstandspreis spielt unter wirtschaftlichen Gesichtspunkten eine Rolle. Die Zielsetzungen sind z. T. gegenläufig.

Pressbarkeit
Während des Pressvorgangs werden die Pulverpartikel umgeformt und kaltverfestigt. Der Porenanteil nimmt ab und damit wird die weitere Verdichtung erschwert. Dies führt zu einem Anstieg der Presskraft während der Verdichtung. Die Legierungstechnik beeinflusst die Pressbarkeit (Abschn. 3.2.2). Weiterhin bestimmt die Pulvermorphologie das Verhalten beim Füllen der Matrize und die erreichbare Dichte. Je spratziger die Form der Pulverteilchen, desto mehr Reibung entsteht zwischen den Pulverpartikeln und der Matrize sowie zwischen den Pulverpartikeln untereinander. Eher globular geformte Pulverpartikel fließen leicht in die Matrize und erreichen eine hohe Fülldichte, durch Zusetzen von Schmiermitteln, z. B. von Wachsen und Stearaten, wird die Reibung an den Formwänden und die der Pulverteilchen untereinander verringert. Die Schmiermittel müssen zu Beginn des Sinterns ausbrennen, die Rückstände müssen das Sintergut verlassen und dürfen auch die Ofenatmosphäre nicht unzulässig verändern.

Sinterbarkeit
Nach dem Pressen folgt der Sintervorgang. Ob der Grünling gut sinterbar ist, wird vor allem durch die Materialauswahl beeinflusst. Bei Materialien mit hoher Sauerstoffaffinität kann es zur Oxidation der Pulver kommen. Über die Pulverkörner legt sich dann eine Oxidschicht, die eine Diffusionsbarriere darstellen kann. Sehr empfindliche Pulver müssen vorbehandelt werden. Zur Entfernung geringer Oxidschichten wird die Atmosphäre im Sinterofen so gewählt, dass sie reduzierend wirkt. Die Möglichkeiten hier sind allerdings begrenzt. In Sonderfällen wird im Vakuum oder unter Wasserstoff gesintert.

Härtbarkeit
Nach dem Sintern müssen Bauteile ggf. noch gehärtet werden. Dazu gehören z. B. Zahnräder, die einsatzgehärtet werden. Dies ist ebenfalls möglich, die Pulverwerkstoffe müssen aber auf die Wärmebehandlung abgestimmt sein.

Kosten

Letztendlich ist für den Einsatz einer Technologie entscheidend, ob die Teile wirtschaftlich herstellbar sind. Die Metallpulver sind im Allgemeinen teurer als vergleichbarer Schmiedestahl. Die Materialkosten sind aber nur ein Teil der Herstellkosten. Eine aussagefähige Kostenbetrachtung ist nur durch eine vollständige Wirtschaftlichkeitsrechnung möglich.

Die Materialauswahl wird zunächst durch die Anforderungen in der Anwendung bestimmt. In Abb. 3.6 sind verschiedene Werkstoffkombinationen eisenbasierter pulvermetallurgischer Stähle und eisenbasierter Schmiede- und Gusslegierungen bezüglich ihrer

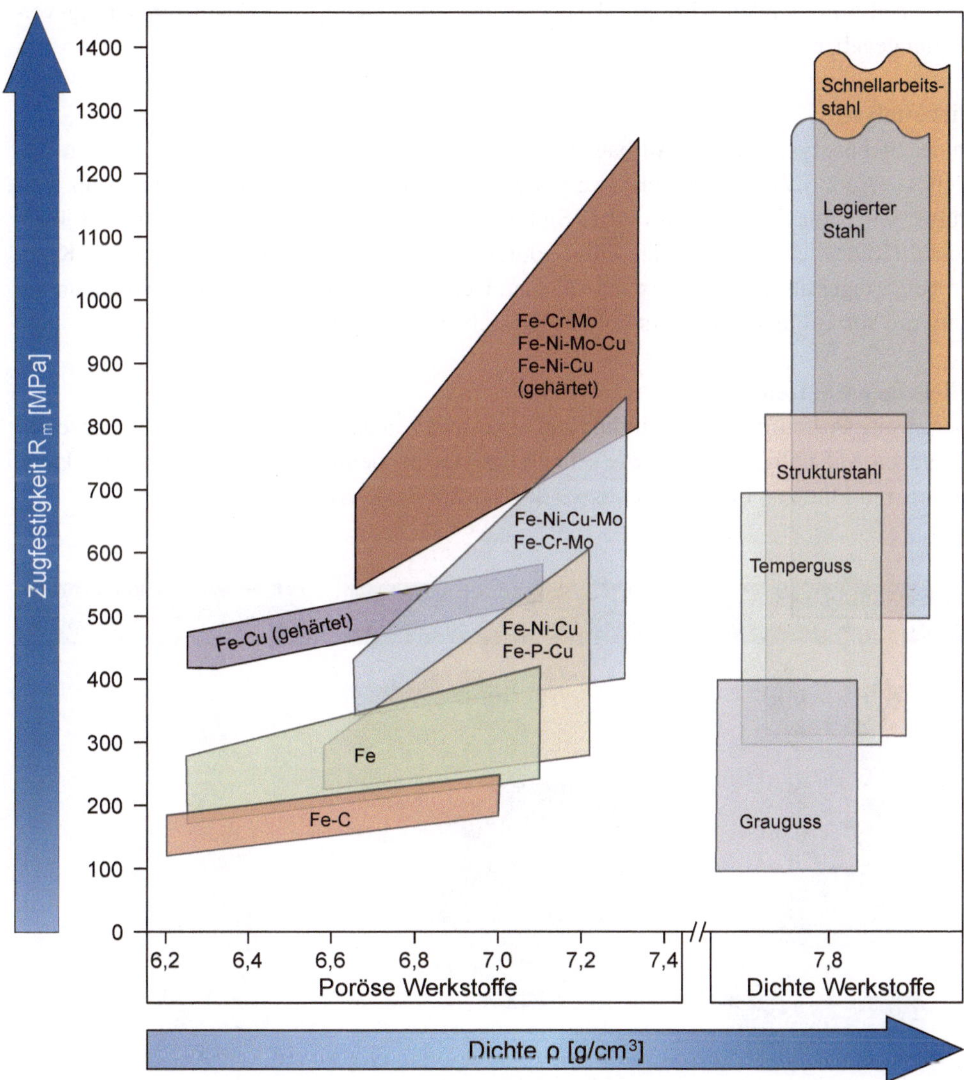

Abb. 3.6 Zusammenhang zwischen Legierungsauswahl, Dichte und Zugfestigkeit (Quelle: GKN Sinter Metals)

Festigkeit über der Dichte dargestellt. Legierungselemente erhöhen zwar die Kosten, allerdings kann dies aufgrund der Bauteilanforderungen notwendig sein.

3.2.5 Pulvercharakterisierung

Um die Auswirkungen der Pulverauswahl auf den Fertigungsprozess und die sich einstellenden Bauteileigenschaften zu kennen, ist es notwendig, die Pulver über verschiedene Prüfverfahren zu beschreiben und wesentliche Eigenschaftsanforderungen zu charakterisieren. Im Folgenden wird eine Übersicht über die wichtigsten Charakterisierungsverfahren gegeben.

Siebanalyse

In der Siebanalyse wird ein Aufbau aus mehreren übereinander angeordneten Sieben verwendet (Abb. 3.7). Die Maschenweite der Siebe nimmt von oben nach unten ab. Das Pulver wird ohne Druck in das obere Sieb gegeben. Die Siebe werden bewegt, z. B. horizontal (Rüttelsiebe), sodass das Pulver durch die Maschen fallen kann, wenn die Korngröße geringer als die Siebmaschenweite ist. Der Inhalt jedes Siebes wird gewogen und es wird die Verteilung des Pulvers über der Maschenweite bestimmt.

Fließeigenschaften

Der zweite Prüfaufbau ermittelt die Fließeigenschaften des Pulvers. Die Fließeigenschaften geben Aufschluss darüber, wie schnell die Matrize beim Pressen gefüllt werden kann. Dabei sind Fließzeit und Fülldichte wichtig für die Prozesssteuerung:

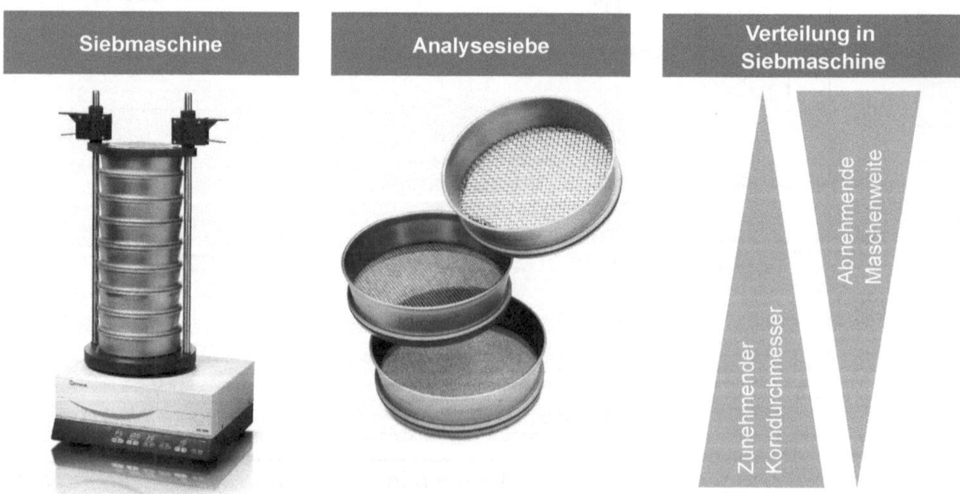

Abb. 3.7 Siebanalyse (Quelle: Retsch GmbH)

Die Fließzeit wird benötigt, um die Dauer zur Befüllung der Kavität zu bestimmen. Die Fülldichte ist notwendig, um die Tiefe der Kavität richtig einzustellen und so beim Verdichten eine ausreichende Masse Pulver vorliegen zu haben. Die Bestimmung der Fülldichte und Fließzeit wird durch verschiedenste Größen beeinflusst, die in Abb. 3.8 genannt sind.

Zur Bestimmung der Fließeigenschaften gibt es verschiedene Aufbauten. Ein Beispiel, das Hall-Flowmeter, ist in Abb. 3.8 dargestellt. Mithilfe dieses Aufbaus kann sowohl die Fließzeit als auch die Fülldichte ermittelt werden.

Die Fülldichte wird nach DIN 3923 bestimmt [DIN3923]. Dazu wird Pulver durch einen Trichter geschüttet. Das Pulver fließt in den zylindrischen Behälter unterhalb des Trichters, bis der Behälter vollständig gefüllt ist und das Pulver bereits überfließt. Das überstehende Pulver wird mit einer nicht-magnetischen Schneide abgestreift, sodass genau das Volumen des Behälters mit Pulver gefüllt ist und kein Pulver entnommen wird oder außen anhaften bleibt.

Der Behälter wird mit dem Pulver gewogen. Die Fülldichte wird aus der Massendifferenz vor und nach der Befüllung sowie des Behältervolumens gebildet. Die Prüfung muss mindestens an drei Einzelproben durchgeführt werden.

Bei der Bestimmung der Fließzeit wird eine Masse von 50 g des Pulvers in einen verschlossenen Trichter geschüttet. Es wird die Zeit zwischen dem Öffnen des Trichters und der vollständigen Entleerung gemessen. Die Zeit wird dabei auf 0,1 Sekunden genau bestimmt. Die Messung wird an drei Einzelproben durchgeführt. Die Ergebnisse werden arithmetisch gemittelt. Der Mittelwert wird auf die nächste volle Sekunde gerundet [DIN4490].

Gründichte

Eine Anforderung an Pulver ist eine gute Verdichtbarkeit. Ein Pulver ist umso besser verdichtbar, je geringer der Pressdruck zum Erzeugen einer gewünschten Dichte ist. Je mehr

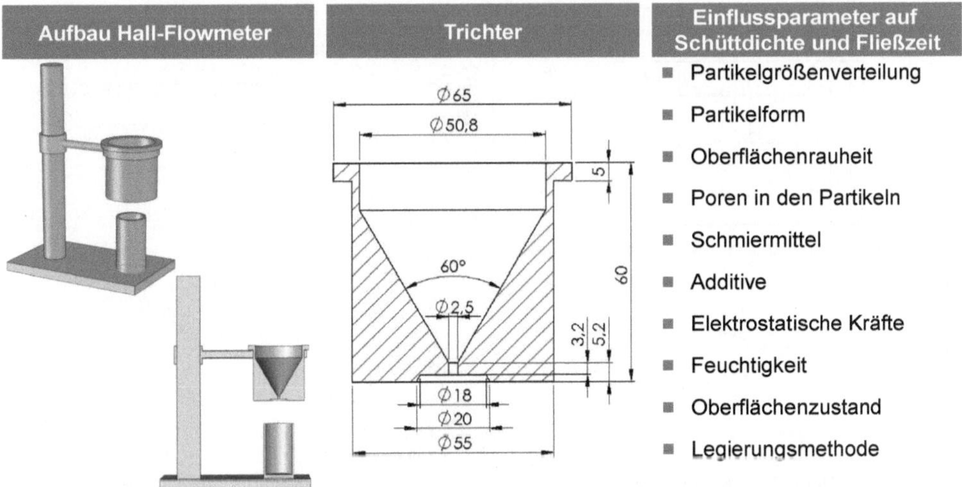

Abb. 3.8 Hall-Flowmeter (Quelle: DIN EN ISO 4490:2009-02)

Pressdruck für die gewünschte Dichte notwendig ist, desto größer und aufwendiger gestaltet sich die Auslegung der Presswerkzeuge und Pressen.

Quantifiziert wird die Verdichtbarkeit, indem ein definiertes Volumen der Kavität lose mit Pulver gefüllt wird [DIN3927]. Das Pulver wird axial von zwei Stempeln gepresst. Dabei soll die Kraft stetig ansteigen. Die Zunahme soll 50 kN/s nicht übersteigen. Nach Erreichen der angesetzten Presskraft wird die Probe entlastet. Es wird empfohlen, die Presskraft so zu wählen, dass Pressdrücke in Stufen von 200 N/mm^2, 400 N/mm^2, 500 N/mm^2, 600 N/mm^2 und 800 N/mm^2 aufgebracht werden. Die Probe wird durch den Pulverstempel ausgestoßen. Der Probekörper wird volumetrisch und gravimetrisch vermessen. Die Dichte des Probekörpers wird als Verhältnis von Masse und Volumen angegeben. Die Verdichtbarkeit ist der Mittelwert aus drei Dichtebestimmungen bei festgelegtem Pressdruck, sie wird auf 0,01 g/cm^3 genau angegeben.

In Abb. 3.9 rechts ist die Gründichte über dem Pressdruck für verschiedene Pulver aufgetragen. Den Kurven ist zu entnehmen, dass wasserverdüste Pulver eine bessere Verdichtbarkeit haben als Schwammeisenpulver. Dies liegt insbesondere an der Porosität des Schwammeisenpulvers. Über Pressergebnisse, wie sie in Abb. 3.9 dargestellt sind, kann die Verdichtbarkeit von unterschiedlichen Pulvern verglichen werden.

Grünfestigkeit

In der Prozesskette des Pressens und Sinterns ist die Grünfestigkeit von Pulvern eine wichtige Eigenschaft. Je höher die Grünfestigkeit ist, desto geringer ist die Gefahr von Ausschuss durch Handhabung der Teile in der Prozesskette, z. B. beim Transport von der Presse zum Sinterofen. Die Grünbiegefestigkeit wird in einem genormten Pressvorgang und einer genormten Prüfung bestimmt. Zum Beispiel hat Schwammeisenpulver gegenüber wasserverdüstem Pulver eine höhere Grünfestigkeit, Abb. 3.9 unten links.

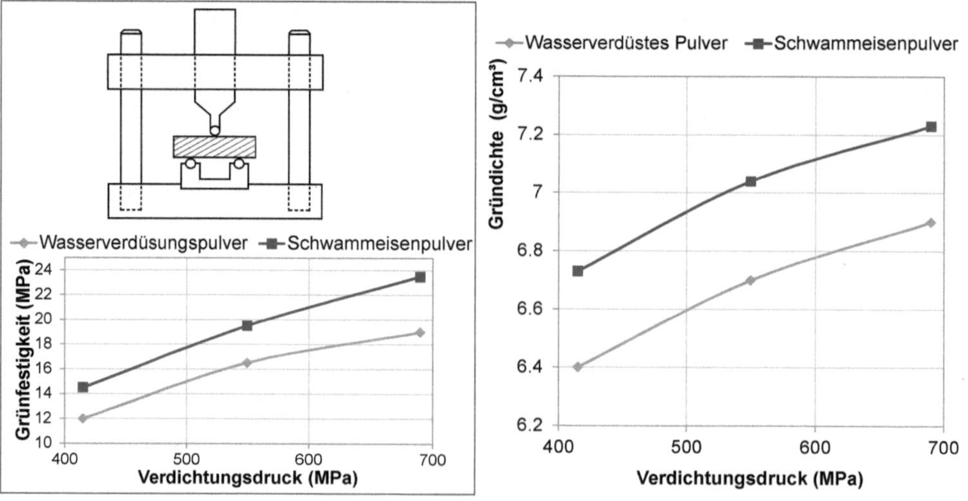

Abb. 3.9 Verdichtbarkeit (Quelle: GKN Sinter Metals)

Die Grünbiegefestigkeit kann für einen festgelegten Pressdruck oder eine festgelegte Gründichte bestimmt werden. Die Gründichte wird über volumetrische und gravimetrische Messungen bestimmt. Die Grünbiegefestigkeit kann über verschiedene Prüfaufbauten bestimmt werden. Die verbreitetste Methode wird mit der in Abb. 3.9 gezeigten Druckprüfmaschine durchgeführt. Im Dreipunkt-Biegeversuch wird unter langsam ansteigender Last der Bruch herbeigeführt. Die Last soll so langsam gesteigert werden, dass der Bruch nicht vor Ablauf einer Prüfdauer von 10 s herbeigeführt wird. Die Grünbiegefestigkeit S wird aus drei Einzelmessungen arithmetisch gemittelt. Sie berechnet sich nach folgender Formel:

$$S = \frac{3 \cdot P \cdot L}{2 \cdot t^2 \cdot w} \quad (3.3)$$

Dabei ist P die Bruchkraft, L die Stützweite, t die Dicke und w die Breite der Probe.

3.3 Prozessschritte der Pulvermetallurgie

Der typische Verfahrensablauf für die Herstellung von metallischen Sinterbauteilen ist in Abb. 3.10 dargestellt. Die Pulverrezeptur wird zusammengestellt und die Komponenten werden gemischt. Danach erfolgt das Pressen bei Raumtemperatur oder erhöhten Temperaturen (unter 200 °C) in einem geschlossenen, hochpräzisen Presswerkzeug. Es entsteht ein Grünling, der ausreichende Festigkeit besitzen muss, um zu den weiterführenden Prozessen transportiert werden zu können. Abb. 3.9 zeigt, dass Grünfestigkeiten zwischen 12 und 25 N/mm² bei Eisenpulvern üblich sind.

Die Grünlinge werden anschließend in Öfen in einer geeigneten Atmosphäre gesintert. Benachbarte, in gegenseitigem Kontakt stehende Pulverpartikel gehen dabei eine Bindung durch Diffusion ein. Es bilden sich zunächst Sinterbrücken, die Körner werden miteinander verbunden und wachsen dann weiter zusammen. Die Porosität nimmt ab, das Bauteil schrumpft und erhält seine Festigkeit. Falls erforderlich, werden Nachbearbeitungen angeschlossen, wie z. B. Dichtwalzen, Härten, Kalibrieren, Imprägnieren oder auch Spanen.

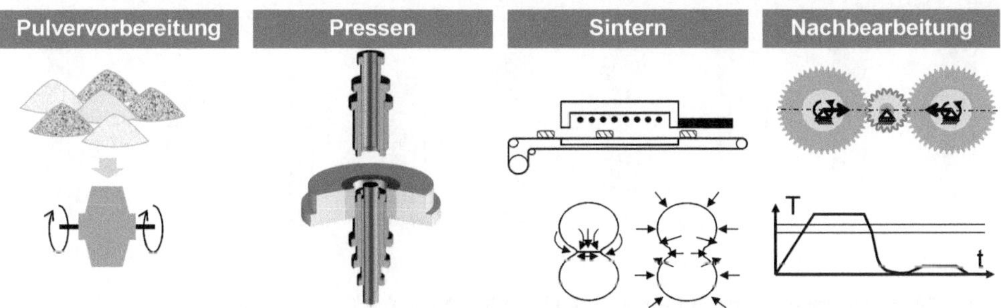

Abb. 3.10 Pulvermetallurgische Prozesskette mit Matrizenpressen und Nachverdichten

3.3.1 Matrizenpressen

Von allen pulvermetallurgischen Formgebungsverfahren hat das Matrizenpressen mit weitem Abstand die größte technische Bedeutung. Das Presswerkzeug besteht dabei aus der Matrize, Ober- und Unterstempeln sowie Dornen. In Abb. 3.11 sind die Prozessschritte beim Matrizenpressen dargestellt. Das Pulver wird in die Matrize eingefüllt und in eine Position transferiert, bei der das Pressen beginnen kann. Dann wird das Pulver über Stempel in der Pressform verdichtet.

Ist die Zielposition erreicht, wird die Kraft zurückgenommen, die Matrize abgezogen und das Bauteil von den Stempeln freigelegt.

Zum Einfüllen des Pulvers ins Werkzeug wird die Matrize relativ zum Unterstempel so angehoben, dass ausreichend Füllraum für das Pulver entsteht. Die Dornoberkante steht in Füllstellung mit der Matrizenoberkante bündig. In dieser Position fährt das Füllsystem mit dem Füllschuh über die Matrize, sodass das Pulver in die Kavität fällt (Abb. 3.12).

Das Volumen, das vom Füllschuh befüllt werden muss, lässt sich eindeutig berechnen. Der Füllfaktor, der zur Berechnung des Volumens notwendig ist, ist das Verhältnis von Zieldichte und Fülldichte. Für jeden Absatz der Grünlingsgeometrie wird die Höhe der Pulversäule aus der Grünlingshöhe mal dem Füllfaktor berechnet.

Beim Füllen der Matrize durch Gravitation wird der Unterstempel vor dem Befüllen durch den Füllschuh um die berechnete Füllhöhe zurückgezogen. Der Füllschuh wird über ein Schlauchsystem mit Pulver versorgt. Sobald der Füllschuh über die Kavität fährt, die die Matrize und die Stempel erzeugen, fällt das Pulver durch das Schlauchsystem in die Kavität. Überschüssiges Pulver wird durch das Zurückfahren des Füllschuhs abgestreift. Diese Variante wird in Abb. 3.12 oben dargestellt. Dabei ist die Nummerierung als Reihenfolge der Bewegungen zu verstehen. Eine andere Methode zur Befüllung der Kavität ist in Abb. 3.12 unten gezeigt. Der Füllschuh fährt auf eine Fläche, die durch die Matrize und die Stempel definiert wird, dann fahren die Stempel herab in die Füllposition. Bei dieser Variante wird die Kavität nicht durch Gravitation, sondern durch Unterdruck gefüllt. Die Kavität und der Unterdruck können bei dieser Variante auch durch Anheben der Matrize und des Dorns erfolgen.

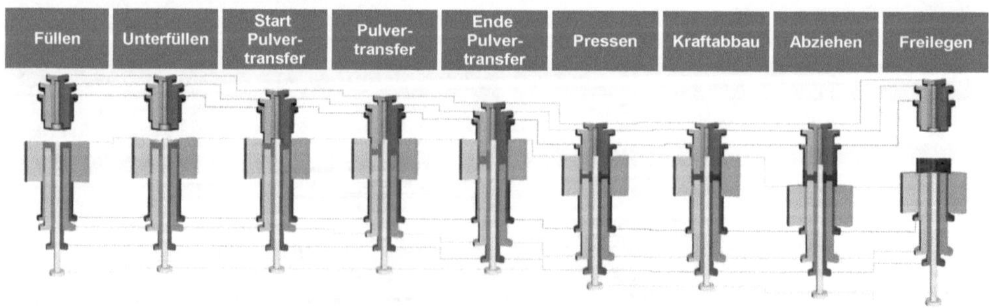

Abb. 3.11 Prozessschritte beim Pressen (Quelle: SMS Meer)

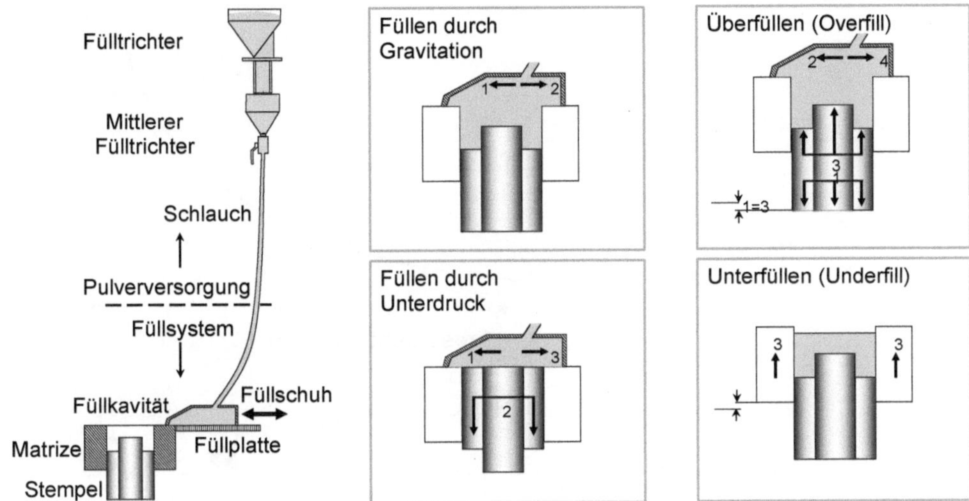

Abb. 3.12 Füllen der Matrize (Quelle: SMS Meer)

Es kann sinnvoll sein, die Matrize zunächst mit einem Überschussvolumen zu befüllen (engl. overfill). Dabei werden die Stempel beim Füllen weiter abgesenkt, als für die Füllmenge notwendig. Ist die Kavität gefüllt, werden die Stempel herauf in Füllposition gefahren und der Füllschuh fährt erst dann zurück.

Zur Vermeidung von Pulveraustritt aus der Matrize beim in Kontakt kommen mit den Oberstempeln, kann die Matrize nach Ende des Füllprozesses leicht angehoben werden. Dieser Schritt wird Unterfüllen genannt (engl. underfill).

Im Folgenden werden die Oberstempel abgesenkt. Sobald Kontakt zwischen Oberstempeln und Pulver besteht, beginnt der Pulvertransfer in Pressposition. Beim Pulvertransfer wird das Pulver druckfrei durch die Stempel in Position geschoben. Dabei soll keine Verdichtung erfolgen. Die Position ist so gewählt, dass das Pulver die um den Füllfaktor in Pressrichtung skalierte Form des zu pressenden Rohlings annimmt.

Danach beginnt der Pressvorgang. Bevor weitere Kraft aufgebracht wird, liegt das Pulver in Fülldichte vor. Durch den aufgebrachten Druck wird die Dichte erhöht. Dabei steigt der Pressdruck über der Pressdichte progressiv an (Abb. 3.13). Dies liegt an zwei Phänomenen. Zum einen wird das Material beim Pressen umgeformt und kaltverfestigt. Zum anderen nimmt der Porenraum durch die Verdichtung ab und somit sinkt das Verdichtungspotenzial. Dies wird durch die Verwendung von Schmiermitteln verstärkt, da das Schmiermittel beim Pressen ein nicht verdichtbares Volumen einnimmt.

Abb. 3.14 zeigt die wichtigsten Verdichtungsverfahren und die Relativbewegungen zwischen den Presselementen und dem Pulver. Beim einseitigen Pressen stehen Matrize und Dorn fest, nur der Oberstempel wird zum Verdichten des Pulvers in die Matrize gefahren. Es entstehen gratfreie Presslinge. Durch die über der Höhe zunehmenden Reibungskräfte

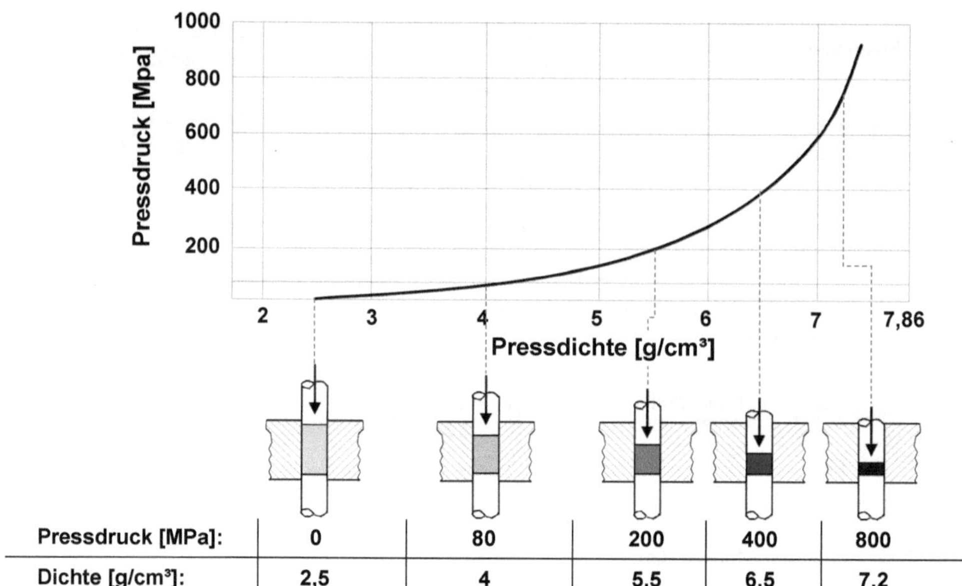

Abb. 3.13 Pressdruck in Abhängigkeit von der Pressdichte

zwischen Pulverteilchen und Matrizenwand innerhalb des Presswerkzeuges entstehen Dichteunterschiede. Deshalb ist dieses Verfahren auf die Herstellung relativ dünner Bauteile beschränkt.

Bei größeren Bauteilhöhen kann zweiseitig gepresst werden. Das erfordert zwei Presssysteme innerhalb eines Pressenrahmens. Die Dichteunterschiede werden geringer, nur in der Mitte kann ggf. eine pressneutrale Zone mit geringerer Verdichtung auftreten. Wenn auch dieses Verfahren keine ausreichend gleichmäßige Dichteverteilung erzeugt, müssen ggf. mehrere Füllschritte durchgeführt werden oder es ist isostatisches Pressen in Erwägung zu ziehen.

Im unteren Teil von Abb. 3.14 ist das einseitige Pressen mit schwimmender Matrize gezeigt. Der untere Stempel steht fest, der obere Stempel führt die Verdichtungsbewegung aus. Mit zunehmendem Verdichtungsweg steigen die Reibungskräfte an der Matrizenwand. Wenn die Reibungskräfte die Federvorspannkräfte erreichen, bewegt sich die Matrize entgegen der Federkraft. Dadurch tritt auch eine Relativbewegung zum feststehenden Unterstempel auf und die beidseitige Verdichtung wird verbessert. Die Relativbewegung der Matrize wird vom Kräftegleichgewicht zwischen Federkraft und Reibkraft gesteuert, und sie kann hierüber auch prozess- und geometrieabhängig eingestellt werden.

Das einseitige Pressen wird nur für flache Teile und zum Kalibrieren eingesetzt, doppelseitiges Pressen mit schwimmender Matrize für Bauteile mit einheitlichem Querschnitt und einfacher Geometrie, die eine möglichst gleichmäßige Dichteverteilung haben

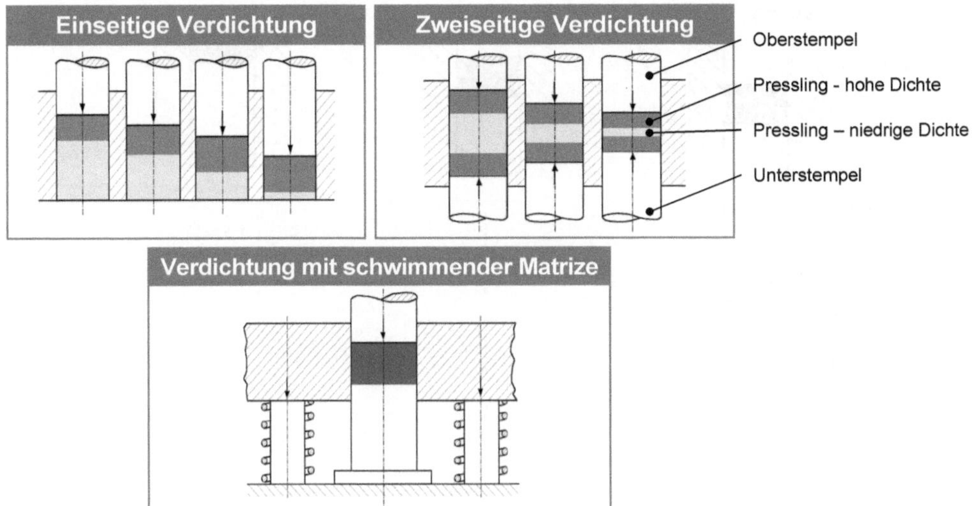

Abb. 3.14 Möglichkeiten zur Verdichtung

müssen. Auch zum Kalibrieren werden häufig schwimmende Matrizen verwendet. Das doppelseitige Pressen mit zwangsbewegter Matrize ist das marktbeherrschende Verfahren für komplexe Bauteilformen.

Zum Entformen des Presskörpers werden zwei Methoden angewandt, das Ausstoßverfahren und das Abziehverfahren. Beim Ausstoßverfahren fährt der Unterstempel aus der Pressstellung hoch, bis der Presskörper auf seiner gesamten Länge freiliegt und abgenommen werden kann. Dieses Verfahren wird meistens beim einseitigen Pressen und Kalibrieren sowie stets bei feststehender Matrize eingesetzt (Abb. 3.15).

Beim Abzugsverfahren zieht man die Matrize zum Freilegen des Presskörpers über den feststehenden Unterstempel nach unten ab, bis die Matrizenoberkante mit der Unterstempelstirnseite auf gleicher Höhe steht (Abb. 3.15). Um den Presskörper entnehmen zu können, muss der Dorn nach unten herausgezogen werden. Die Kräfte zum Zurückziehen des Dornes sind gering, weil der Presskörper um etwa 0,1 bis 0,2 % auffedert, wenn er vollkommen freigelegt ist. Versucht man, den Dorn synchron mit der Matrize nach unten zu verfahren, sind die Reibungskräfte so groß, dass die Enden des Dorns und auch das Pressteil beschädigt werden können. Die Entformkräfte steigen zunächst steil an (Abb. 3.15), bis die Haftreibung überwunden wird. Danach gleitet das Bauteil, und die Kräfte sinken auf ein konstantes Niveau, bis das Bauteil komplett aus der Matrize ausgefahren ist (Abb. 3.15).

Beim Entformen des Bauteils ist große Vorsicht geboten. Sobald die Presskraft reduziert wird, kommt es zur elastischen Ausdehnung von Stempeln und Grünling. In Abb. 3.16 links ist zu sehen, welche Auswirkung ein unterschiedlicher Ausdehnungsbetrag verschiedener Pressstempel hat. In diesem Fall hat der innere Pressstempel eine höhere elastische

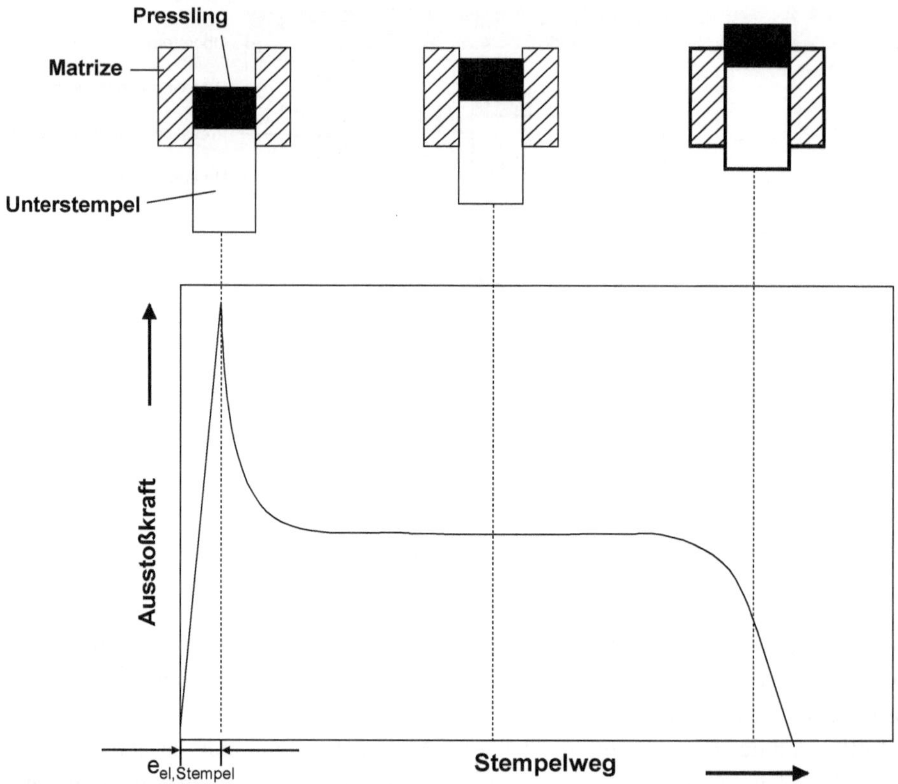

Abb. 3.15 Ausstoßkraft über dem Stempelweg (Quelle: Höganäs AB)

Ausdehnung. Diese wirkt auf das Bauteil, das aber außen an der Matrize noch durch Wandreibung gehalten wird. Der Grünling wird auf Biegung beansprucht und kann in den Übergängen reißen.

Ein weiteres Beispiel für Rissbildung beim Ausstoßen zeigt Abb. 3.16 rechts. Beim Austritt des Grünlings aus der Matrize dehnt sich der Grünling unmittelbar aus. Es ist vorteilhafter, den Austritt über eine Austrittsschräge und damit auch die elastische Dehnung des Grünlings langsam zu realisieren. Das Ausstoßen des Grünlings mit Abziehen des Kerns stellt den letzten Schritt des Matrizenpressens dar. Die Grünlinge durchlaufen eine Qualitätskontrolle z. B. Wiegen und werden zum Sinterofen transportiert.

Die Bewegungen in der Presse werden hydraulisch, elektrisch oder mechanisch erzeugt. Bei mechanischen Pressen ist der Bewegungsablauf im Wesentlichen vorgegeben, z. B. über einen Kniehebelantrieb (Abb. 3.17). Dadurch ist die Flexibilität in der Stempelbewegung vergleichsweise gering. Mechanische Pressen erlauben hohe Hubzahlen bei geringem Energieverbrauch und Wartungsaufwand. Bei hydraulischen Pressen werden die einzelnen Stempelebenen unabhängig voneinander von hydraulischen Zylindern

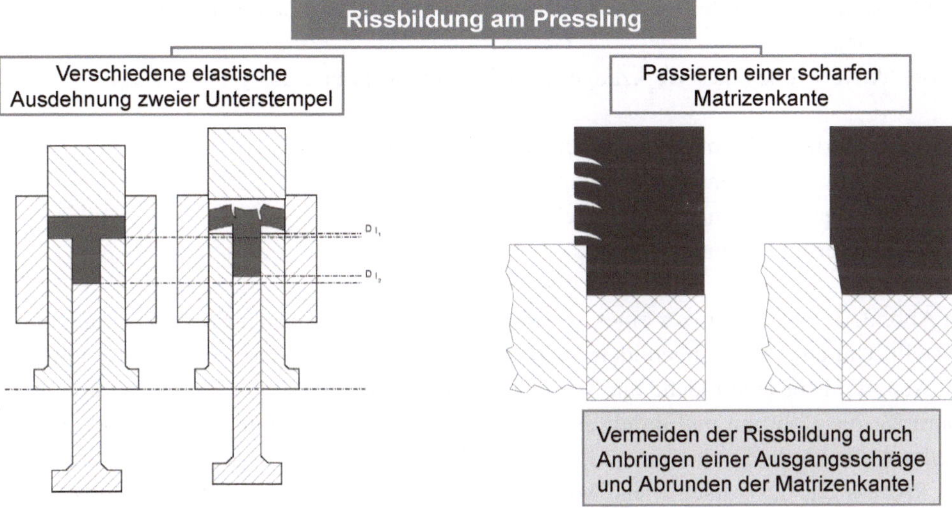

Abb. 3.16 Rissbildung beim Ausstoßen (Quelle: Höganäs AB)

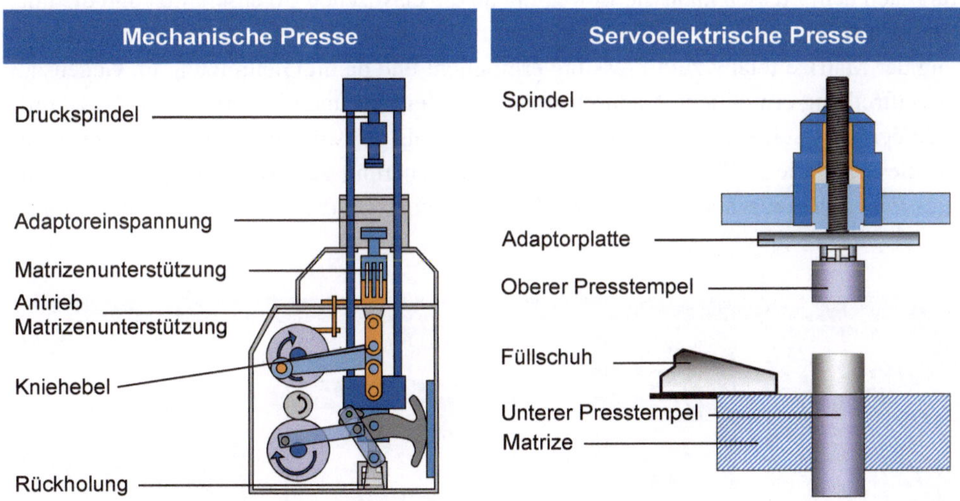

Abb. 3.17 Funktionsprinzipien verschiedener Pressen (Quelle: Dorst)

bewegt. Der hydraulische Antrieb erlaubt eine hohe Flexibilität und ist durch den Einsatz von Messsystemen und der darauf basierenden Regelung des Bewegungsablaufs sehr präzise.

Bei elektrischen Pressen wird der Antrieb über eine elektrisch angetriebene Spindel erzeugt. Elektrische Pressen vereinen die Vorteile der beiden Systeme: bei geringem Energiebedarf, mittleren Hubzahlen und geringem Wartungsaufwand wird eine hohe Präzision und Flexibilität gewährleistet. Die Geräuschemission und der Platzbedarf sind vergleichsweise gering.

Die aktiven Teile eines Werkzeuges bestehen üblicherweise aus

- einer Matrize in Form eines einfachen Schrumpfverbandes
- einem oder mehreren Oberstempeln
- einem oder mehreren Unterstempeln
- einem oder mehreren Dornen.

In Abb. 3.18 ist der Aufbau eines servohydraulisch angetriebenen Presswerkzeugs dargestellt. Um das rechts abgebildete Werkstück mit einer homogenen Dichteverteilung zu pressen, wird für jede Fläche ein Stempel benötigt. Zusätzlich wird die Form durch den Dorn für die Bohrung und durch die Matrize für die Außenkontur definiert. Der dargestellte Aufbau erlaubt eine einzelne, gezielte CNC-Ansteuerung der einzelnen Stempel. Im Prozess hat das verschiedene Vorteile. Die Prozesssteuerung ist flexibel einstellbar. Während des Pulvertransfers kann sichergestellt werden, dass kein Druck aufgebracht wird und damit keine Verdichtung induziert wird. Beim Pressen kann eine kontinuierliche Pressbewegung aller Stempel sichergestellt werden. Beim Zurücknehmen der Stempelkraft nach dem Pressen kann die Bewegung an die elastischen Eigenschaften und die notwendigen Kräfte von Stempel und Grünling angepasst werden. Weiterhin wird eine Bewegung der Matrize relativ zum Pressling ermöglicht und damit Gleitreibung im Gegensatz zur Haftreibung ermöglicht. Dadurch sinken die Reibung und die notwendige Presskraft. Außerdem wird eine deutlich bessere Oberfläche als bei stillstehender Matrize erreicht. Um diese komplexe Geometrie und präzise Ansteuerung zu erreichen, ist ein aufwendiges Presswerkzeug notwendig, wie Abb. 3.18 zeigt. Da dies immer mit hohen Kosten

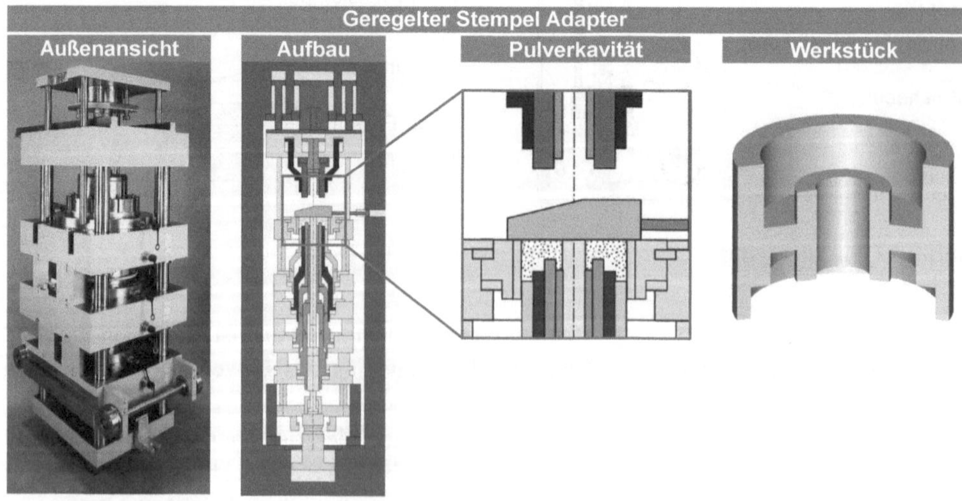

Abb. 3.18 Aufbau eines servohydraulischen Presswerkzeugs (Quelle: SMS Meer)

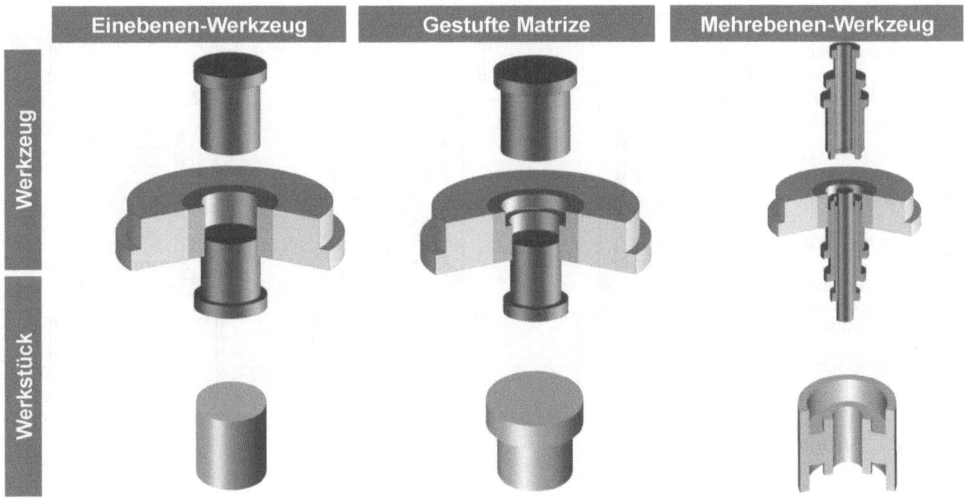

Abb. 3.19 Auslegung von Presswerkzeugen (Quelle: Alvier)

verbunden ist, ist die Wahl der Werkzeuggeometrie sehr wichtig. Jede Bewegung der Stempel, Dorne und Matrize muss im Presswerkzeug umgesetzt werden.

In Abb. 3.19 sind verschiedene Auslegungen von Presswerkzeugen dargestellt. Ganz links ist die einfachste Geometrie abgebildet. Ober- und Unterstempel sind rund und haben den gleichen Durchmesser. Die Matrize hat einen konstanten Durchmesser. Dieses Werkzeug ist einfach konstruiert und wäre entsprechend einfach herzustellen.

In Abb. 3.19 sind weiterhin zwei Beispiele für Werkzeuge dargestellt, die Werkstücke mit Absätzen erzeugen. In der Mitte wurden zwei Stempel unterschiedlicher Durchmesser und eine abgesetzte Matrize kombiniert. Dieses Werkzeug ermöglicht die Herstellung eines Bauteils mit einem Absatz mit geringem Aufwand in der Bewegung der Stempel. Sind mehrere Absätze herzustellen, wird auf den Aufbau rechts in Abb. 3.19 zurückgegriffen. Für jeden Absatz ist ein Ober- und Unterstempel vorgesehen. Die Matrize hat nur einen Innendurchmesser. Durch die vielen Stempel wird zum einen die Werkzeugfertigung teurer, zum anderen wird aber auch die Steuerung der Stempelbewegungen aufwendiger. Der Aufwand in der Werkzeugfertigung und Steuerung lohnt sich oft gegenüber der spanenden Fertigung der Bauteile.

3.3.2 Isostatisches Pressen

Durch isostatisches Pressen können Bauteile bis etwa 600 kg hergestellt werden.

Beim isostatischen Pressen wird das Pulver in eine Form aus Kunststoff (Polyurethan, Äthylen-Propylen-Kautschuk) gegeben. Die Form ist elastisch und gibt somit einerseits dem Pulver die Form, andererseits überträgt sie den Druck direkt auf das Pulver. Das Pulver wird mit einem hydrostatischen Druck von bis zu 600 MPa völlig gleichmäßig verdichtet (Abb. 3.20).

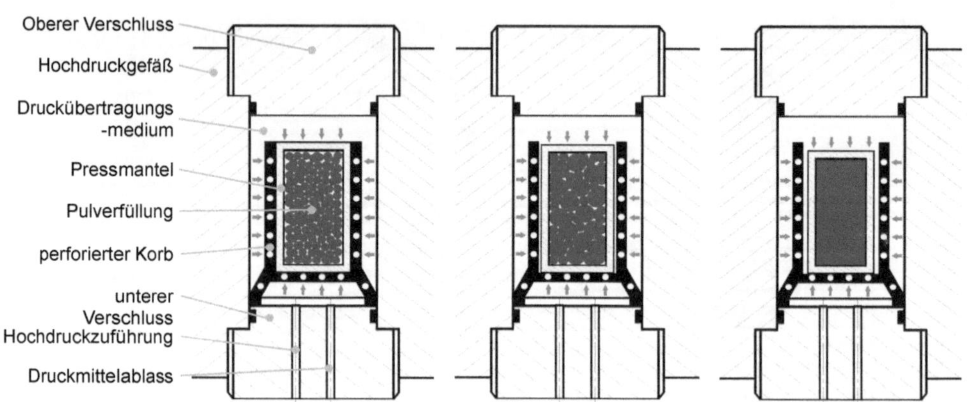

Abb. 3.20 Isostatisches Pressen

Als Druckübertragungsmedium dient beim Kaltpressen Wasser oder Öl. Durch das Fehlen von Gleitmittel und den hohen, hydrostatischen Druck können sehr hohe Dichten bis nahezu 100 % relativer Dichte erreicht werden. Es lassen sich auch vorgeformte Presslinge oder gesinterte Formteile nachpressen (Heißisostatisches Pressen). Die geringe Stückleistung und die erhöhten Kosten beschränken diese Technologie bisher auf die Fertigung großformatiger Werkstücke, wie Band- und Profilwalzen aus Hartmetall, Hartmetall-Umformwerkzeuge, Zerspanwerkzeuge aus Hartmetall und Schnellarbeitsstahl und Filterelemente für die chemische Industrie.

3.3.3 Sintern

Nach dem Pressen werden im Grünling die Pulverteilchen durch Adhäsion, mechanische Verklammerung und ggf. durch Kaltverschweißungen zusammengehalten. Die Festigkeit der Grünlinge ist gerade hoch genug, um die Bauteile zu transportieren. Die angestrebte Endfestigkeit der Bauteile wird durch eine Wärmebehandlung erzeugt, bei der bei einer Temperatur unterhalb der Schmelztemperatur der Komponenten thermisch aktivierte Stofftransportvorgänge (Diffusion) initiiert werden. Diesen Prozess bezeichnet man als Sintern. Man spricht vom Festphasensintern, wenn der Stoffzusammenhang ausschließlich durch Diffusionsvorgänge im festen Zustand erzeugt wird. Bei der Verwendung von Pulvermischungen mit stark unterschiedlicher Schmelztemperatur können auch flüssige Phasen auftreten. Dies bezeichnet man als Flüssigphasensintern. Häufig treten beide Zustände in einem Sintervorgang nebeneinander auf.

Beim Festphasensintern wird der Grünling in ein Bauteil mit einem festen Gefügeverband umgewandelt. Diese Wärmebehandlung folgt einem definierten Zeit-, Temperatur- und Druckverlauf. Durch Diffusion verbinden sich die Teilchen immer mehr, sie wachsen zusammen (Abb. 3.21). Dadurch wird die Dichte erhöht, das Bauteil schrumpft und die Poren verrunden. Nach den Fick'schen Diffusionsgesetzen kann dieser Vorgang über das Konzentrationsgefälle, den Druck, die Temperatur und die Sinterzeit beschrieben und beeinflusst werden (Abb. 3.21). In der Bauteilfertigung werden vor allem die Parameter Temperatur und Zeit verändert, um den Sinterprozess einzustellen. Übliche Sinterbedingung bei der Verarbeitung von Eisenlegierungen ist z. B. eine Dauer von 20 min bei einer Temperatur von 1120 °C. Zur Erhöhung der Dichte könnte beispielsweise die Dauer auf 30 min und die Temperatur auf 1280 °C erhöht werden, sofern die sich ausbildenden Gefüge (Korngröße) die Funktionalität des Bauteils nicht unzulässig verändern.

Für die Diffusion ist auch die Form der Berührstellen der Pulverkörner von Bedeutung. Für Pulver aus gleichem Material, aber verschiedener Herstellung, können bei gleichen Sinterbedingungen unterschiedliche Porosität und Festigkeitswerte auftreten. Der Sintervorgang kann in drei Phasen eingeteilt werden (Abb. 3.22 links). Zu Beginn herrschen Kontaktwachstum und die Bildung von Sinterbrücken vor, in der mittleren Phase schließen sich die Poren immer mehr, die Porosität nimmt ab, das Bauteil schrumpft. In der letzten Phase des Sinterprozesses sind die verbleibenden Poren fein verteilt und verrundet, sie werden zunehmend geschlossen, bis zur Dichtsinterung (Abb. 3.22 links unten). Wenn die Schrumpfung kontrolliert abläuft und in der Größe bekannt ist, kann sie durch Korrektur der Presswerkzeuge vorgehalten werden. Wenn die Endgenauigkeit nicht ausreicht, müssen die Teile kalibriert oder anderweitig nachgearbeitet werden. In Sonderfällen, wenn die Diffusionskoeffizienten der zu sinternden Stoffe sehr unterschiedlich sind, könnten die Bauteile sogar wachsen.

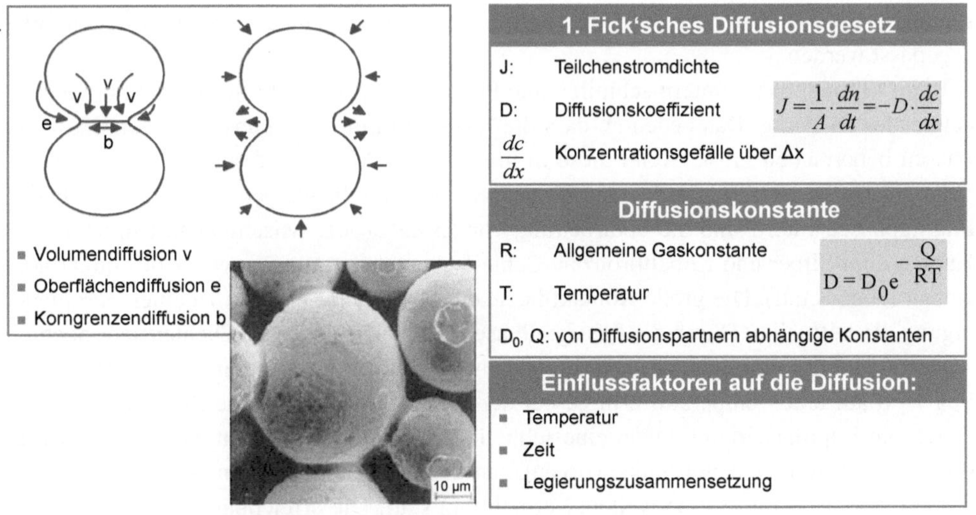

Abb. 3.21 Diffusion beim Sintern (Quelle: Kucynski)

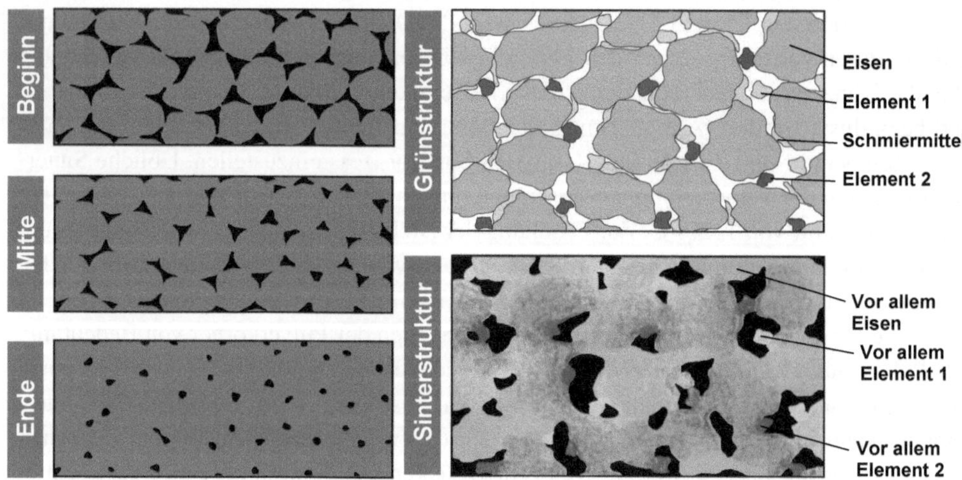

Abb. 3.22 Auswirkung der Diffusion beim Sintern (Quelle: EPMA)

In Abb. 3.22 rechts ist die Gefügeentwicklung für eine Pulvermischung dargestellt, bei der neben dem Grundwerkstoff zusätzlich weitere Legierungselemente verwendet wurden. Die Legierungselemente und Schmiermittel sind in Graustufen farblich gekennzeichnet. Die Schmiermittel werden vor dem Sintern, in der ersten Phase der Wärmebehandlung, ausgebrannt. Beim Sintern diffundieren die Legierungselemente in den Grundwerkstoff. Dennoch können nach dem Sintern noch lokale Konzentrationsgefälle vorliegen. Zur vollständigen Homogenisierung des Gefüges müssen die Sintertemperaturen und Zeiten ggf. angepasst werden.

Beim Flüssigphasensintern schmilzt eine Phase und benetzt oder umschließt die Partikel der festen Phase. Das bedeutet, dass die Prozessführung auch das Auftreten flüssiger Phasen beherrschen muss. Wenn diese in nur geringer Menge auftreten, kann dies auch beim freien Sintern, das heißt ohne Sinterform, beherrscht werden. Beispiele für Fest-Flüssigphasensintern sind die Verarbeitung von Eisen/Bronze Mischungen, Kupfer-Zinn, Kupfer-Zinn-Silber und Kobaltbronzen (Schleifscheibenfertigung) sowie Wolframkarbid/Kobalt (Hartmetall). Die große Kontaktfläche der beiden Phasen führt zu einer Beschleunigung der Diffusion. Durch die flüssige Phase sind die erreichbaren Dichten sehr hoch.

Der Ablauf des Flüssigphasensinterns ist beispielhaft in Abb. 3.23 dargestellt. Der Grünling wird auf eine Temperatur erhitzt, bei der die niedrigschmelzende Phase verflüssigt. Durch die Kapillarwirkung findet eine schnelle Verdichtung der Poren durch die flüssige Phase statt. Durch Neuanordnungsvorgänge aufgrund der angestrebten Verminderung der freien Oberfläche findet eine weitere Verdichtung statt. Die erreichbare Enddichte hängt von der Partikelgröße, dem Anteil flüssiger Phase und der Löslichkeit der festen Partikel in der flüssigen Phase ab. [Germ85]

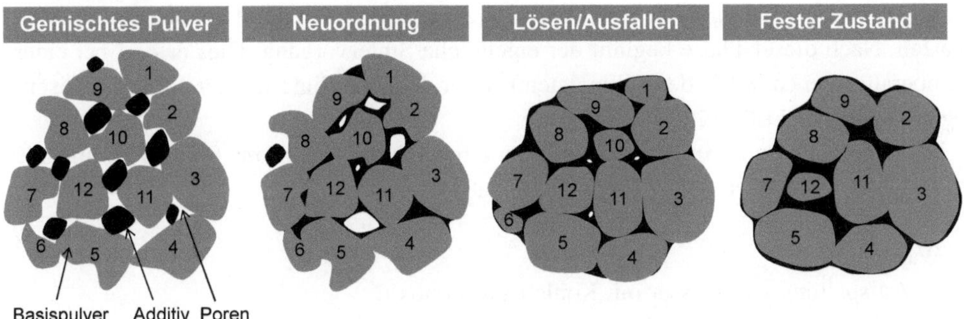

Abb. 3.23 Benetzung beim Flüssigphasensintern [Germ85]

In Abhängigkeit von der Stückzahl und dem zu sinternden Werkstoff werden die Sinterprozesse in unterschiedlichen Öfen (Abb. 3.25) mit angepasster Atmosphäre durchgeführt. Ein grundsätzliches Beispiel für einen industriellen Durchlaufprozess beim Sinterofen in einem Durchlaufofen ist in Abb. 3.24 dargestellt. Die Grünlinge werden bei Raumtemperatur auf das Band gegeben. Zunächst werden sie auf eine Temperatur deutlich unterhalb der Sintertemperatur erhitzt. Bei dieser Temperatur wird das Schmiermittel ausgebrannt. Damit die Zersetzungsprodukte nicht die Sinteratmosphäre beeinträchtigen, ist in dieser Zone ein Rauchabzug vorgesehen. Beim Ausbrennen der Schmiermittel soll noch kein Zusammensintern der Partikel stattfinden, das sich zersetzende Schmiermittel muss frei aus dem Grünling austreten können. Wenn dies nicht gewährleistet ist, können die im Grünling auftretenden Partialdrücke durch Phasenübergänge des Schmiermittels von fest

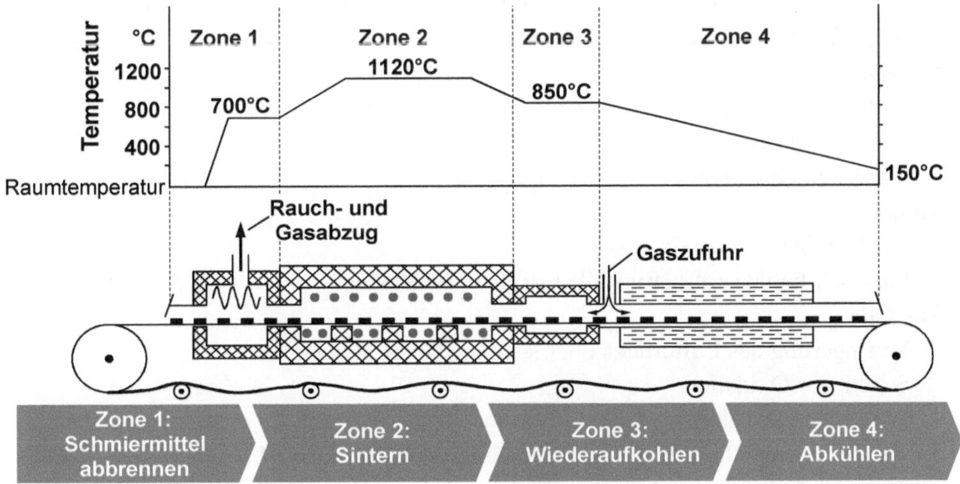

Abb. 3.24 Aufbau eines Durchlaufofens (Quelle: Höganäs AB)

zu flüssig und gasförmig Risse im Grünling erzeugen. Im Extremfall können die Bauteile platzen. Nach dieser Phase beginnt der eigentliche Sintervorgang. Dies erfolgt bei einer Temperatur von ca. 80 % der Schmelztemperatur. Übliche Sintertemperaturen für Eisenlegierungen sind 1120–1280 °C.

Die Sinterung findet in einer definierten Atmosphäre statt. Zum Einsatz kommende Atmosphären sind nach Schatt folgende [Scha07]:

- Wasserstoff
  - Aufspaltung von Wasser mit Kohlenstoffmonoxid
  - Hohes Reduktionsvermögen
  - In Verbindung mit Luft: Explosionsgefahr
- Stickstoff
  - Destillation verflüssigter Luft
  - Inert
  - Nicht für starke Nitridbildner geeignet
- Mischung aus Wasserstoff und Stickstoff (Formiergas)
  - Reduktionsvermögen mit reduzierter Explosionsgefahr
  - Mischungsverhältnis auf zu sinternde Legierung abstimmen
- Ammoniak-Spaltgas
  - Durch Aufspaltung von Ammoniak in Stickstoff & Wasserstoff
  - Hohes Reduktionsvermögen
  - Frei von Kohlenstoffmonoxid und -dioxid
- Endogas
  - Spaltung eines Luft-Gas-Gemisches mit geringem Luftanteil durch erhitzte Spaltretorte
  - Hoher Kohlenstoffanteil, um Ausdampfen von C zu vermeiden
  - Nicht für starke Carbidbildner einsetzbar
- Exogas
  - Verbrennung eines Luft-Gas-Gemisches mit hohem Luftanteil
  - Hoher Stickstoffgehalt
  - Wirkt entkohlend durch hohen CO_2-Gehalt
- Monogas
  - Um CO_2 bereinigtes Exogas
  - Für hoch-kohlenstoffhaltige Werkstoffe einsetzbar
- Vakuum
  - Verringerung des Luftdrucks über leistungsfähige Pumpen
  - Schutz vor Oxidation
  - Schwierige Reduktion

Je nach Prozesseinstellung kann der Kohlenstoffanteil im Bauteil während des Sinterns reduziert werden. In diesem Fall kann das Bauteil wieder aufgekohlt werden (Zone 3).

Anschließend wird das Bauteil abgekühlt. Der Gradient der Abkühlung bestimmt, ob das Bauteil gehärtet wird oder nicht. Wird ein steiler Gradient gewählt und das Bauteil gehärtet, spricht man von Sinterhärtung oder Härten aus der Sinterhitze.

Die Bauteile können im Sinterofen direkt oder in Behältern in Form von Platten oder Kästen aus Metall oder Keramik oder auch Sinterformen (Schleifscheibenfertigung) transportiert werden. Der in Abb. 3.25 links oben gezeigte Ofen ist ein Bandofen. Er ist ein Durchlaufofen und gehört zu der am weitesten verbreiteten Art von Sinteröfen für die Fertigung großer Serien. Die Bauteile liegen auf einem Band, das sie kontinuierlich durch den gesamten Sinterofen fördert.

Beim Hochtemperatursintern führt der erhöhte Verschleiß des Bandes zu hohen Kosten. Deshalb wird bei hohen Temperaturen auf andere Ofenkonzepte zurückgegriffen. Eine Möglichkeit ist der Hubbalkenofen. Die Hubbalken fördern die Behälter durch den Ofen und setzen sie nach jedem Schritt auf der Ofensohle ab. Durch dieses Konzept hat jeder Hubbalken einen definierten Einsatzort und kann auf die lokalen Sinterbedingungen ausgelegt werden. Alternativ können die Behälter auch über eine Stoßeinrichtung durch den Ofen gefördert werden. Das Verfahren ist ebenfalls diskontinuierlich. Die zurückgelegte Strecke in jedem Takt entspricht der Behälterlänge. Ein weiteres kontinuierlich arbeitendes Ofenkonzept ist der Rollenherdofen. Hier werden die Behälter über angetriebene Rollen durch den Ofen bewegt. Vakuumöfen werden zum Sintern von Sonderwerkstoffen (z. B. Hartmetallen) eingesetzt.

Nach dem Pressen und Sintern werden aus dem Pulver Bauteile erzeugt, die prinzipiell einsatzfertig sein sollen. Je nach Anforderungen an Festigkeit, Maßgenauigkeit und Oberflächenbeschaffenheit können die Bauteile noch nachbearbeitet, z. B. verdichtet, kalibriert oder geschmiedet werden.

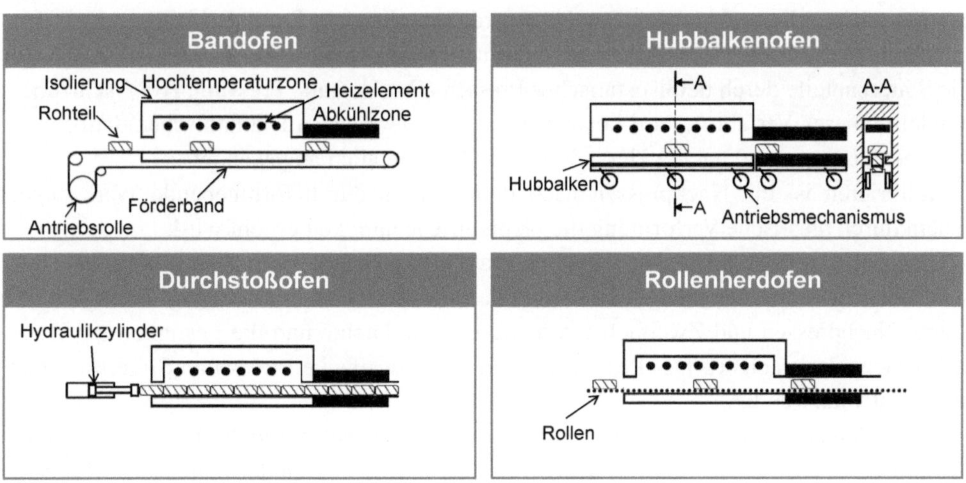

Abb. 3.25 Ofenkonzepte zum Sintern

3.4 Prozesse zur Erhöhung der Dichte

Sinterbauteile können nach dem Sintern, sofern noch Restporosität vorhanden ist, nachverdichtet werden. Bei gesinterten Gleitlagern kann dies zur gezielten Einstellung des Traganteils erfolgen, es kann zur Erhöhung der Festigkeit von Bauteilen genutzt werden (Zweifachsintern, Sinterschmieden) oder es wird angestrebt, ausschließlich die geometrische Genauigkeit zu erhöhen (Kalibrieren). Bei Sinterbauteilen kann die Dichte je nach Anwendungsfall lokal oder global erhöht werden. Dabei weisen Sinterwerkstoffe gegenüber schmelzmetallurgisch hergestellten Werkstoffen die verfahrensspezifische Besonderheit auf, dass beim plastischen Fließen keine Volumenkonstanz besteht. Das Volumen ändert sich durch das Aufzehren von Porenraum, das Volumen wird komprimiert. Im Allgemeinen hat dies den anwendungstechnischen Vorteil, dass beim Umformen von Sinterbauteilen mit Porosität, sofern die Umformgrade gering sind, keine Grate entstehen. Andererseits müssen bei Modellierungen des Materialflusses und zur Auslegung von Verdichtungswerkzeugen (Abschn. 3.4.2) diese Besonderheiten in den Materialgesetzen berücksichtigt werden. Auf wichtige Nachverdichtungsverfahren wird im Folgenden eingegangen.

3.4.1 Globale Verdichtungsverfahren

Bei den globalen Verdichtungsverfahren wird die Prozessführung beim Pressen und/oder Sintern gezielt verändert oder es werden zusätzliche Verfahrensschritte ausgeführt. Diese Verfahren erhöhen die Dichte im gesamten Bauteil.

Zur Steigerung der Dichte und der Festigkeit können Werkstücke nach dem ersten Sintern nachverdichtet werden. Das Nachverdichten kann in Presswerkzeugen, ggf. den gleichen, wie sie beim Erstverdichten verwendet wurden, erfolgen. Es ist auch möglich, die Sinterbauteile durch heißisostatisches Pressen (Hot Isostatic Pressing, HIP) nachzubehandeln. Dieses Verfahren wird beispielsweise bei gesinterten Diamantschneidaufsätzen für Gesteinssägen und bei der Herstellung von Hartmetallen angewendet.

Kalibrieren ist ein Nachpressen nach dem Sintern durch formgebende Werkzeuge, indem durch plastische Verformung die Geometriegenauigkeit erhöht wird.

Eine besondere Prozessfolge von Sinterbauteilen ist die Zweifachsintertechnik. Hier wird nach dem zweiten Verdichten zusätzlich ein zweiter Sintervorgang durchgeführt. Durch Nachpressen und Zweifachsintern werden die Dichte und die Festigkeit des Bauteils erheblich gesteigert. Der Prozess ist durch die zweifache Press- und Sinterprozedur aber relativ aufwendig.

Beim Pulverschmieden (Sinterschmieden) wird das gesinterte Bauteil bei Schmiedetemperatur abschließend im geschlossenen Gesenk geschmiedet. Um diesen Prozess sicher durchzuführen, müssen die Bedingungen des Schmiedens in geschlossenen Gesenken (Band 3 Umformen), insbesondere die genaue Massedosierung, erfüllt sein. Mit einer Gewichtsklassifizierung der Sinterbauteile und aufgrund der Tatsache, dass geringere

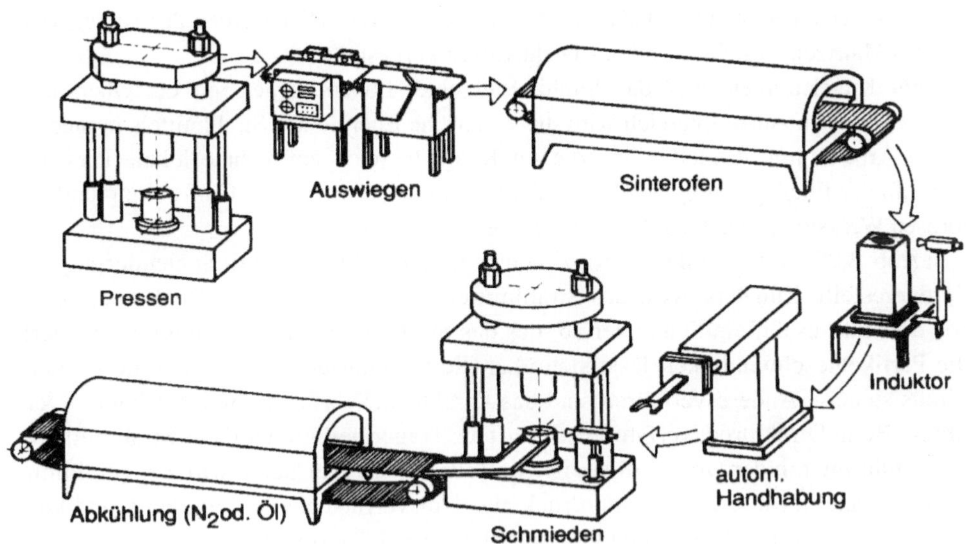

Abb. 3.26 Verfahrensablauf beim Pulverschmieden

Restporositäten das Gesamtvolumen durch Verdichten verringern, ist dieser Prozess in der Praxis gut beherrscht und eingeführt. Beim Pulverschmieden wird praktisch das gesamte Volumen durchgeschmiedet und homogenisiert. Die Verdichtung erstreckt sich über den gesamten Querschnitt, und es findet gleichzeitig die Endformgebung statt. In Abb. 3.26 ist die Prozesskette für pulvergeschmiedete Teile im Prinzip dargestellt. Durch eine gesteuerte Abkühlung aus der Schmiedewärme können gezielt Gebrauchsgefüge hergestellt werden.

3.4.2 Lokale Verdichtungsverfahren

Lokale Verdichtungsverfahren werden dann angewandt, wenn Bauteile nur oberflächennah belastet werden und daher nur dort eine Festigkeitssteigerung notwendig ist. Beim Kalibrieren findet auch oberflächennah plastisches Fließen statt und daraus resultieren die Induzierung von Eigenspannungen und eine geringe Kaltverfestigung. Dies ist aber beim Kalibrieren nicht das ursächliche Ziel. Hier geht es um die Verbesserung der Geometrie, die Umformgrade sind gering und entsprechend sind die Festigkeitssteigerungen ebenfalls gering.

Typische Bauteile mit einer oberflächennahen Belastung sind Zahnräder, die durch Hertzsche Pressung, Biegung und Gleiten oberflächennah belastet werden. Hier soll durch oberflächennahe Verdichtung ganz gezielt die Struktur der Oberflächenrandzone verändert werden, um die Voraussetzungen dafür zu schaffen, dass sich Sinterbauteile bei dynamischer Belastung in weiten Bereichen genauso verhalten wie konventionell hergestellte Bauteile.

Es gibt verschiedene Oberflächenverdichtungsverfahren. Hier werden das Kugelstrahlen, das Matrizenverdichten und das Dichtwalzen vorgestellt.

Beim Kugelstrahlen wird das Strahlmittel unter hohem Druck auf die Oberfläche geschleudert. Im Auftreffbereich wird die kinetische Energie des Strahlmittels in mechanische Arbeit umgewandelt. Liegt die im Kontaktbereich auftretende lokale Pressung oberhalb der Fließspannung des Materials, kommt es zur partiellen Umformung und bei porösen Werkstoffen auch zur Verdichtung des Volumens.

In Abb. 3.27 ist das Funktionsprinzip einer Kugelstrahlanlage mit Schleuderradprinzip dargestellt. Zunächst wird das Strahlmittel in Bechern in die Fallhöhe befördert. Von dort fällt es auf ein Schleuderrad, das das Strahlmittel auf das Bauteil schleudert. Die Partikelgeschwindigkeit lässt sich über die Umfangsgeschwindigkeit des Schaufelrads steuern. Andere Verfahren sind das Direktdruckverfahren und das Injektorverfahren. Beim Direktdruckverfahren mit Luft als Trägermedium wird das Strahlmittel in der Zuführung mit der Druckluft gemischt. Beim Injektorverfahren wird das Strahlmittel in der Injektordüse durch Unterdruck aus dem Vorratsbehälter angesaugt und kurz vor dem Austritt dem Trägermedium zugeführt. Als Trägermedium können prinzipiell auch Flüssigkeiten verwendet werden. Alle Verfahren sind grundsätzlich zur Verdichtung geeignet, die Auswahl erfolgt nach Verfügbarkeit der Anlagen im Unternehmen sowie bezogen auf Bauteilgeometrie und Stückzahl. Als Strahlmittel zur Verdichtung poröser Materialien werden überwiegend gehärtete Stahlkugeln verwendet [Bidu09, Moli11].

Durch das Schließen offenliegender Poren an der Oberfläche wird eine Rauheitsabnahme erreicht [Moli11], Abb. 3.27 oben rechts. In der Literatur werden maximale Verdichtungstiefen im Bereich von 0,05 mm [Moli11] bis zu 0,3 mm [Sari99, Flod13] genannt. Die

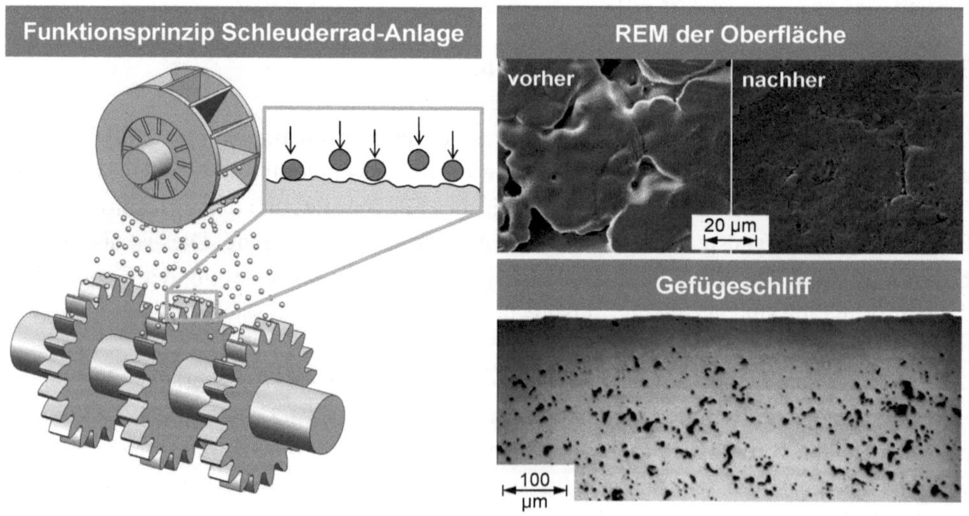

Abb. 3.27 Verdichten durch Kugelstrahlen [nach Moli11]

Ausformung der Oberfläche und die Verdichtung sind in Abb. 3.27 unten rechts zu sehen. Ein besonderer Vorteil dieser Verdichtungsmethode ist die hohe Flexibilität, da bei einer Geometrieänderung kein neues Werkzeug erforderlich ist [Moli11].

Eine Alternative zum Kugelstrahlen ist die Verdichtung durch Fließpressen. Im Allgemeinen wird das Vorwärtsfließpressen realisiert. Dieses Verfahren ist als DensiForm-E Verfahren bekannt und patentiert [Rile05, Tras06]. Das Bauteil wird durch die sich verengende Fließpressmatrize gedrückt. Die Auslegung der Matrize bestimmt den Umformgrad und damit die Oberflächenverdichtung (Abb. 3.28). Die Wandreibung wirkt entgegen der Fließpressrichtung (Achsrichtung) und steht senkrecht zur radialen Verdichtung. Dies kann zur Gratbildung führen, die eine Nachbearbeitung der Stirnflächen erforderlich machen kann [Sigl07].

In Abb. 3.28 ist die erreichte Oberflächengüte in einem ungefilterten Oberflächenmessschrieb dargestellt. Im unteren Bereich des Bildes ist ein metallographischer Schnitt des Rohlings und des verdichteten Bauteils zu sehen. Deutlich ist nach dem Fließpressen die Verdichtung der Randbereiche gegenüber dem Ausgangszustand zu erkennen. Auch die Änderung der Zahnform wird durch den Vergleich der Ausgangs- und Endgeometrie deutlich. Die Verdichtung reicht bis weit in den Zahnkern hinein. Allerdings sind in der verdichteten Zone weiterhin einzelne Poren vorhanden.

Eine weitere Möglichkeit der oberflächennahen Verdichtung ist das Dichtwalzen, das insbesondere bei rotationssymmetrischen Teilen, wie Zahnrädern, Anwendung findet. Dichtwalzen wird in der pulvermetallurgischen Fertigungskette nach dem Sintern und vor dem Einsatzhärten eingesetzt. Der Sinter- und der Abkühlprozess werden so eingestellt, dass der Walzrohling sowohl ausreichende Festigkeit für die Walzoperation besitzt als auch gleichzeitig weich genug ist, um die Walzkräfte gering zu halten.

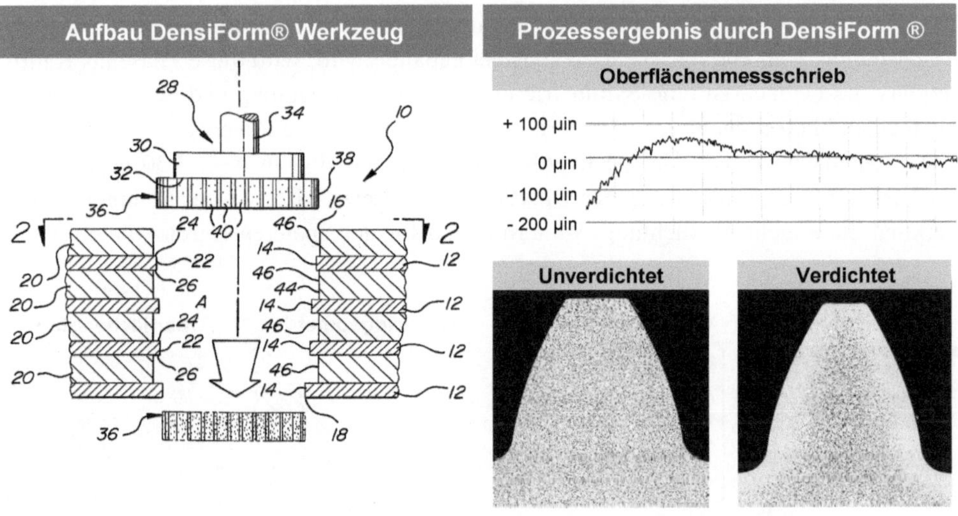

Abb. 3.28 Oberflächenverdichten in Matrize (Quelle: Patent US6168754, PMG Füssen)

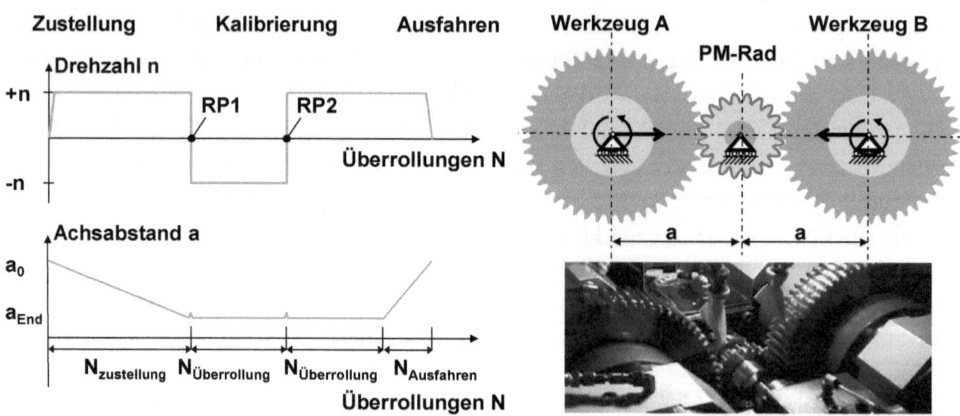

Abb. 3.29 Aufbau des Dichtwalzprozesses

Der Dichtwalzprozess ist ein achsparalleles Fertigungsverfahren (Abb. 3.29). Das PM-Rad wird zwischen einem oder mehreren Werkzeugzahnrädern eingespannt. Aus Stabilitätsgründen wird in der Regel die Anordnung mit mehreren Werkzeugrädern gewählt. Aus Platzgründen sind meistens nicht mehr als zwei Werkzeugräder möglich. Das PM-Rad in der Mitte ist mit einem Aufmaß zur Verdichtung versehen.

Der Prozessablauf beginnt mit dem Einmitten des PM-Rades bei geringer Werkzeugzustellung. So wird eine Kollision der Werkzeuge mit dem Werkstück vermieden. Ist das PM-Rad eingemittet, beginnen die Werkzeuge zu rotieren. Durch Verringerung des Achsabstandes zwischen den beiden Werkzeugrädern wird die Zustellung realisiert. Ist die maximale Zustellung erreicht, wird die Rotationsrichtung umgekehrt. Dieser Vorgang wird als Reversieren bezeichnet. Hierbei werden die einlaufende und die auslaufende Flanke gewechselt, um so das PM-Rad gleichmäßig nachzuverdichten und zu formen. Da die Zustellung während dieser Phase konstant gehalten wird, wird diese Phase als Kalibrierphase bezeichnet. Um die Symmetrie in Bezug auf Verdichtung und Form der linken und rechten Flanke weiter zu verbessern, schließen sich weitere Reversiervorgänge an.

Die Qualitätsmerkmale der nachverdichteten Bauteile sind in Abb. 3.30 gezeigt. Da das Verfahren zur Verdichtung der Oberfläche eingesetzt wird, ist das Hauptqualitätsmerkmal die erzielte Verdichtung. Weiterhin sind für den späteren Einsatz die erreichte

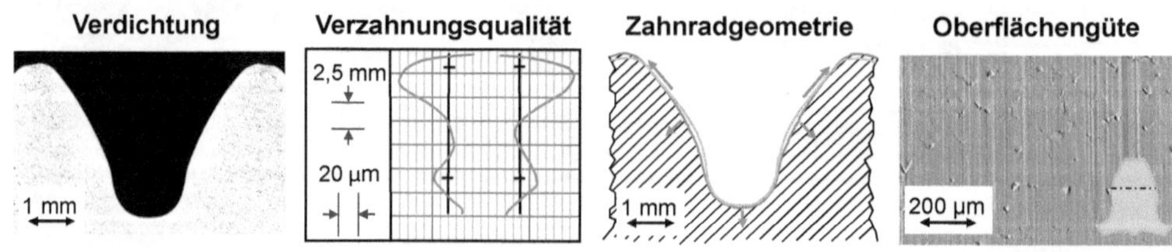

Abb. 3.30 Prozessergebnis des Dichtwalzens

makrogeometrische Qualität, wie z. B. die Profilabweichung und die Kopfdurchmesser, bei Zahnrädern relevant.

Die makroskopischen Qualitätsanforderungen wie Verzahnungsqualität und Kopfkreisdurchmesser können durch Modifikation des Walzwerkzeugs und durch Anpassung der Rohlingsgeometrie erreicht werden. Die Oberflächengüte gewalzter Zahnräder ist im Wirkbereich der Flanke mit $R_z < 1,5$ µm sehr gut. [Kauf13]

3.5 Eigenschaften von PM-Bauteilen

Durch die pulvermetallurgische Prozesskette unterscheiden sich die Produkteigenschaften von Sinterbauteilen gegenüber zerspanenden Prozessketten. Auf diese Besonderheiten soll im Folgenden eingegangen werden.

3.5.1 Eigenschaften poröser Bauteile

Die Eigenschaften von Bauteilen, die durch Pressen und Sintern hergestellt wurden, hängen von zahlreichen Einflussgrößen ab. Die Pulverart, die Zusammensetzung des Materials, die Porenform, die Sinter- und Abkühlbedingungen und eine nachgeschaltete Wärmebehandlung beeinflussen die Festigkeit. Eine wichtige Eigenschaft pulvermetallurgisch hergestellter Teile ist die Dichte des Bauteils.

Beiss beschreibt die Eigenschaften poröser Materialien mit der Gl. 3.4. Dabei ist P eine Werkstoffeigenschaft, ρ die Dichte des Bauteils und m eine empirische Werkstoffkonstante. Der Index 0 kennzeichnet die Kennwerte für den volldichten Zustand, zum Beispiel die theoretische Dichte von Stahl $\rho_0 = 7,86$ g/cm³. Die Werkstoffeigenschaft P_0 ist zum Beispiel der E-Modul von volldichtem Stahl: $P_0 = E_0 = 211,6$ kN/mm². [Beis03]

$$\frac{P}{P_0} = \left(\frac{\rho}{\rho_0}\right)^m \tag{3.4}$$

Der Exponent m ist wesentlich von den Sinterbedingungen, aber auch von der Pulverart abhängig. Beiss ermittelte für Bauteile vergleichbarer Sinterbedingungen und unterschiedlicher Pulverart den Exponent m für Schwammeisenpulver zu m = 3,0 und für wasserverdüstes Pulver zu m = 3,5. Die o. g. Formel beschreibt wesentliche Bauteileigenschaften poröser Werkstoffe gut. Für die Querkontraktionszahl wurde ein anderer Zusammenhang festgestellt [Beis03] (Gl. 3.5).

$$\frac{1+\nu}{1+\nu_0} = \left(\frac{\rho}{\rho_0}\right)^q \tag{3.5}$$

Die Werkstoffkennwerte m und q können experimentell ermittelt werden. Liegen diese Werte vor, können mithilfe der o.g. Gleichungen Vorhersagen über das Werkstoffverhalten getroffen werden.

3.5.2 Maßgenauigkeit

Die erreichbare Maßhaltigkeit von PM-Bauteilen hängt von der Fertigungskette und dem Werkstoff ab. Im Folgenden wird die Prozesskette aus Matrizenpressen und Sintern betrachtet.

Die entstehenden Maßabweichungen beim Pressen hängen wesentlich von der Werkzeugauslegung ab. Wie in Abb. 3.11 gezeigt, kann ein Werkzeug aus Matrize, mehreren Pressstempeln und einem Dorn zusammengesetzt sein. Bei Relativbewegungen der Aktivelemente zueinander ist ein entsprechendes Werkzeugspiel notwendig, das im Gegenzug zu Maßabweichungen führen kann. Zu Abweichungen entlang der Pressachse kommt es durch die Steuerung der Presse. Ist die Presse weggesteuert, kann es zu Dichteabweichungen im Endprodukt kommen. Bei einer Kraftsteuerung kann es zu Höhenabweichungen kommen. Beide Abweichungen entstehen, wenn die Pulverfüllhöhe nicht exakt ist. Wird mechanisch auf Anschlag gepresst, wird zwar die angestrebte Bauteilhöhe erreicht, die Pulverfüllhöhe muss allerdings genau stimmen, sonst kann es zu Überlastungen der Aktivelemente kommen. Zu berücksichtigen in der Prozessauslegung ist auch die Steifigkeit der Presse und die Kompressibilität des Pulvers.

Typische Maßabweichungen liegen in Pressrichtung in Abhängigkeit von der Höhe des Bauteils und der Anzahl an Pressstempeln im Bereich von 0,05 bis 0,20 mm. Abweichungen senkrecht zur Pressrichtung hängen wesentlich von dem verwendeten Pulver ab. Toleranzen von IT9 bis IT10 können erreicht werden. Bei den Pulverklassen D40 und D50 sind höhere Toleranzen anzusetzen.

Beim Sintern kommt es zu geringem Verzug. Dieser kann durch Kalibrierpressen behoben werden. Dadurch kann die Qualität um zwei bis drei Qualitätsstufen verbessert werden.

3.5.3 Oberflächenbeschaffenheit

Nach dem Fachverband für Pulvermetallurgie werden die folgenden Begriffe zur Beschreibung des Oberflächenzustandes genannt:

- sinterglatt: keine Behandlung nach der Sinterung,
- geglättet: durch den Kalibriervorgang erreichbarer Oberflächenzustand,
- sinterschmiedeglatt: keine Behandlung nach dem Sinterschmieden.

In Abb. 3.31 sind Rauheitsmessschriebe von zerspanten Bauteilen aus konventionellem Stahl St50 sowie von gepressten und gesinterten Bauteilen dargestellt. Zusätzlich ist die Gesamthöhe des Primärprofils angegeben. Dabei haben das gedrehte Bauteil und das gesinterte PM-Bauteil sowie auch das geschliffene und das kalibrierte Bauteil die gleiche Profiltiefe (Rautiefe). Die spanend hergestellten Bauteile zeigen die typischen stochastischen Rautiefenverläufe. Der Vergleich der Messschriebe zeigt auch, dass die nach dem

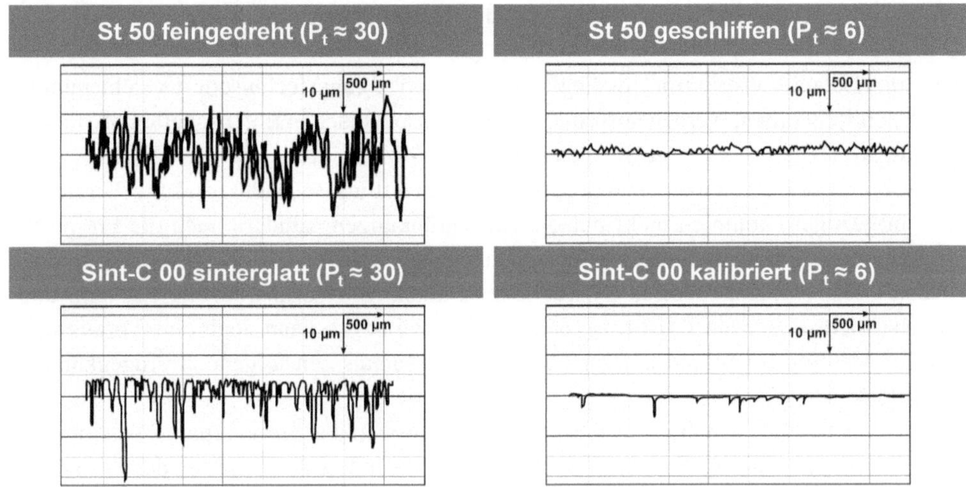

Abb. 3.31 Rauheit verschiedener Oberflächen (Quelle: GKN Sinter Metals)

Sintern kalibrierten Bauteile ausschließlich an der Oberfläche plastisch verformt wurden und dass dadurch an der Oberfläche die Rauheitsspitzen eingeebnet wurden, wodurch hier ein relativ großer Materialtraganteil entsteht.

Die Unterschiede in der Oberflächentopologie werden in Abb. 3.32 noch deutlicher, hier sind REM-Aufnahmen gesinterter und kalibrierter Oberflächen gezeigt. In den Messschrieben, wie auch auf den REM-Aufnahmen, ist der Verbleib einiger oberflächennaher Poren zu erkennen. Auch nach dem Kalibrieren sind die Poren noch nicht vollständig eingeebnet, sie sind aber wesentlich geringer ausgeprägt.

Besonders bei Gleitlagern sind die Poreneingänge für die Rauheitsbeurteilung nur von geringem Interesse; hier ist der Traganteil auf den Funktionsflächen für die Oberflächenbeurteilung ausschlaggebend.

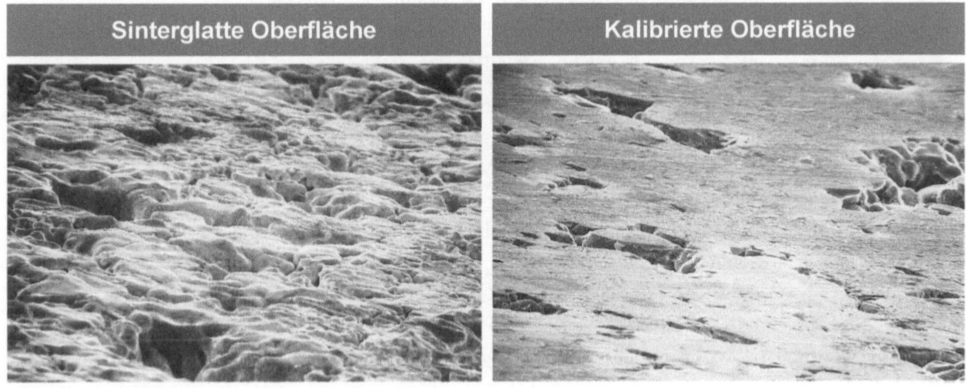

Abb. 3.32 Oberflächenzustand verschiedener Oberflächen (Quelle: GKN Sinter Metals)

3.6 Konstruktion gepresster und gesinterter Bauteile

Wenn die Bauteilkonstruktion festliegt, ohne dass fertigungstechnische Gesichtspunkte berücksichtigt wurden, werden aufgrund der prozessspezifischen Eigenschaften oft andere Fertigungsverfahren als die pulvermetallurgische Prozesskette ausgewählt. Wird wiederum während der Bauteilkonstruktion die pulvermetallurgische Prozesskette bereits in Betracht gezogen, kommen nicht nur die Einschränkungen, sondern auch die Freiheitsgrade, die diese Prozesskette erlaubt, zum Tragen.

Auch wenn es nicht möglich ist, für jedes Bauteil von vornherein die Eignung und Wirtschaftlichkeit für die PM-Prozesskette zu beurteilen, so kann doch eine Vorauswahl getroffen werden. Dazu hat die Firma GKN Sinter Metals den folgenden Fragenkatalog erstellt [NN11], Abb. 3.33.

Die geometrische Gestaltung von Sinterteilen ist wegen des Pressvorgangs bestimmten Einschränkungen unterworfen. Bedingt durch die notwendige Ausformung der Presslinge sind Hinterschneidungen nur schwer möglich. Stempelbrüche, ungleiche Dichteverteilung durch Überpressungen und Beschädigungen der Grünlinge durch Rissbildung oder Abplatzung lassen sich durch das Beachten verschiedener Punkte verhindern, Abb. 3.34.

Die pulvermetallurgische Prozesskette schränkt die Konstruktion jedoch nicht nur ein, sondern gibt auch neue konstruktive Freiheitsgrade. Einige Beispiele mögen die erweiterte Gestaltungsfreiheit erläutern:

- Es ist eine definierte Porosität herstellbar.
- Es ist eine große Materialpalette verfügbar.
- Es ist kein Werkzeugauslauf notwendig.

Größe	▪ Hat das Bauteil eine horizontale Querschnittsfläche von 100 - 120 cm² oder weniger und eine Höhe von weniger als etwa 75 mm?
Form	▪ Hat das Bauteil Wandstärken ≥ 2 mm und Höhen- zu Wandstärken -Verhältnisse von < 12? ▪ Hat das Bauteil weniger als 4 Pressquerschnitte?
Toleranzen	▪ Macht die Anwendung für dieses Bauteil enge Toleranzen erforderlich? ▪ Typisch erzielbare Toleranzklassen für Sinterteile liegen zwischen IT9 und IT10 und für kalibrierte Teile zwischen IT7 und IT8
Stückzahl	▪ Beträgt die jährliche Stückzahl etwa 10.000 Bauteile oder mehr?
Werkstoff	▪ Wird das Bauteil aus einem kohlenstoffarmen oder niedriglegierten Stahl, Bronze, Messing, Aluminium oder rostfreiem Stahl hergestellt? ▪ Ist eine Dichte von 80 % bis 92 % für die Anwendung ausreichend?

Abb. 3.33 Fragekatalog zur Auswahl der PM-Prozesskette [NN11]

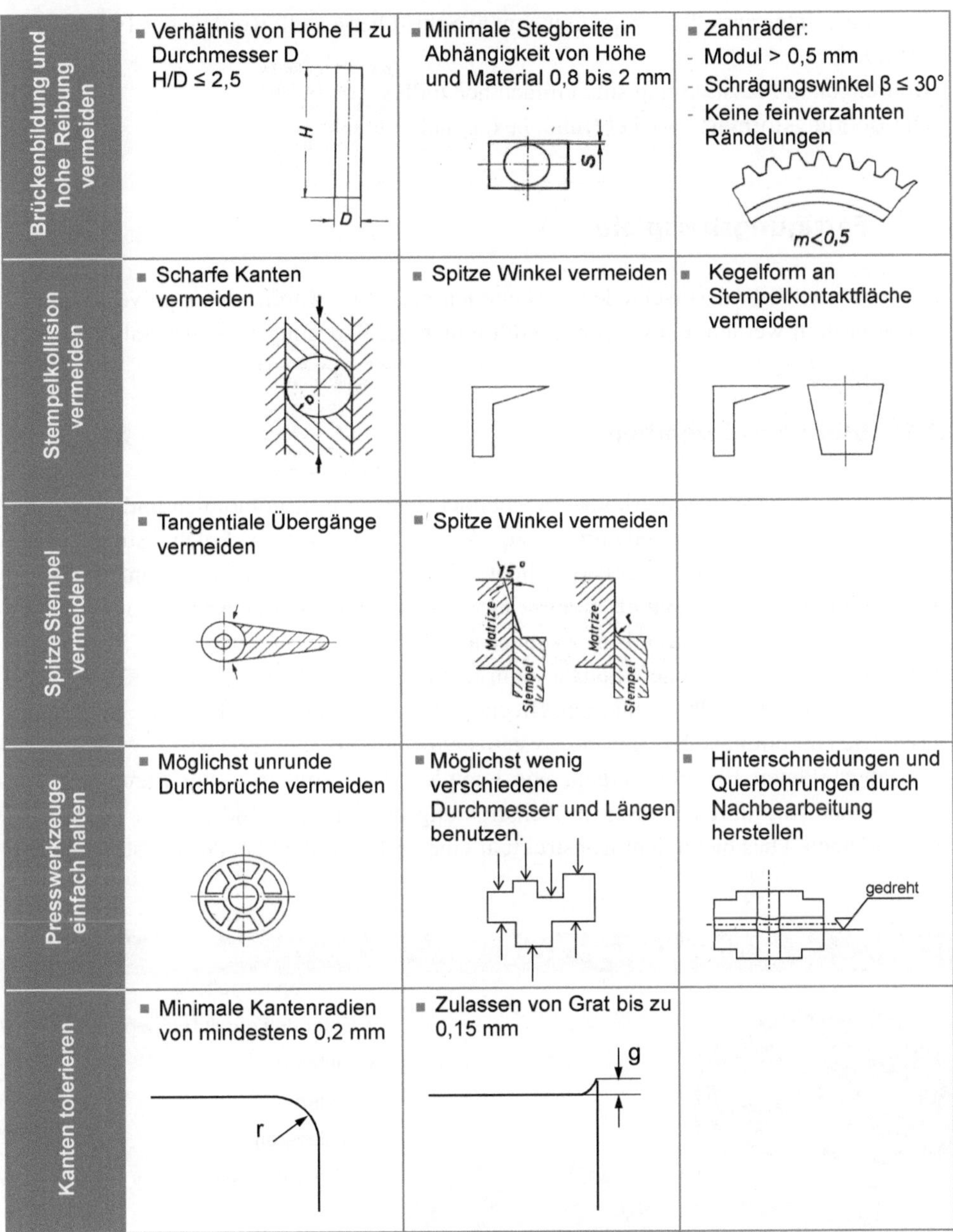

Abb. 3.34 Auslegungshilfen für PM-Bauteile (Fachverband Pulvermetallurgie)

- Es können integrierte Baugruppen in einem Schritt hergestellt werden, das Fügen kann entfallen.
- Bohrungen in Pressrichtung sind einfach herstellbar.
- Die Bohrungsform ist variabel (rund, hexagonal, viereckig, …).

3.7 Fertigungsbeispiele

Im Folgenden wird an verschiedenen Bauteilen erläutert, warum diese pulvermetallurgisch hergestellt werden und welche Ausführungen der Fertigungskette gewählt wurden.

3.7.1 Stoßdämpferkolben

In Abb. 3.35 sind Stoßdämpferkolben abgebildet, wie sie in Automobilen und Nutzfahrzeugen in hydraulischen Stoßdämpfern zur Anwendung kommen. Solche Stoßdämpfer bestehen aus einem Zylinder, dem abgebildeten Kolben, Blech oberhalb und unterhalb des Kolbens und einer Kolbenstange. Kommt es zu einer Bewegung zwischen Kolbenstange und dem Zylinder, muss das Öl im Zylinder am Blech vorbei und durch den Stoßdämpferkolben fließen. Dazu dienen die über dem Umfang des Kolbens verteilten Kanäle. Der Fließwiderstand des Kolbens und der Bleche führt zur Dämpfung der Bewegung beim Fahren. Die entnommene Energie des Systems wird in Wärme umgesetzt.

Die abgebildeten Bauteile zeigen, wie komplex die Geometrien zur Steuerung des Ölflusses sind, die durch Pressen in Achsrichtung des Bauteils und Sintern hergestellt werden können. Dies bietet dem Konstrukteur eine große Freiheit bei der wirtschaftlichen

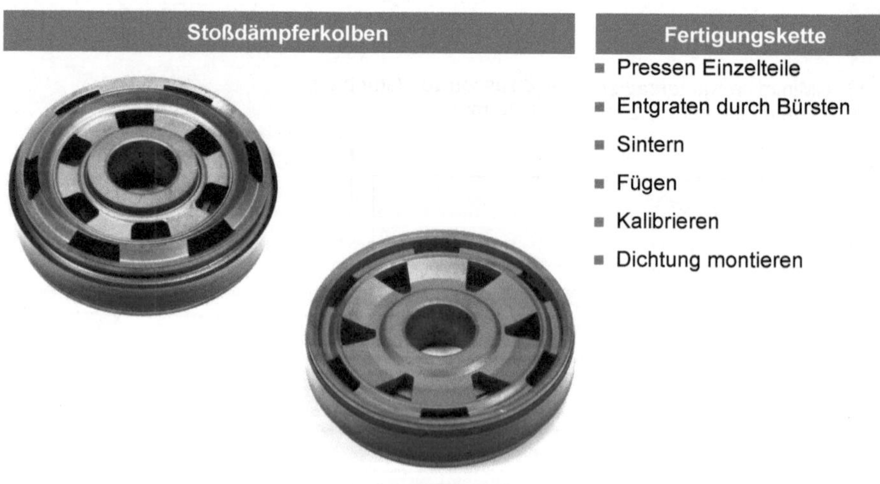

Abb. 3.35 Stoßdämpferkolben (Quelle: GKN Sinter Metals)

Auslegung der Bauteile. Vergleichbare Geometrien spanend herzustellen wäre sehr zeit- und kostenintensiv. Durch die Abstimmung von Konstruktion und Fertigung können die Bauteile ohne spanende Nachbearbeitung hergestellt werden, wodurch eine höchst effiziente Fertigung sichergestellt wird. Daher gibt es zur pulvermetallurgischen Fertigung für dieses Bauteilspektrum keine alternativ eingesetzten Verfahren. Die besondere Herausforderung bei der pulvermetallurgischen Fertigung dieser Bauteile liegt in den hohen Anforderungen an die Präzision der Dichtkanten.

Zur Fertigung der abgebildeten Teile werden zwei identische Einzelteile derselben Form gepresst, durch Bürsten entgratet und gesintert. Diese Einzelteile werden zusammengesetzt, sodass sie ineinander einrasten. Dieser Fügevorgang erfolgt automatisch. Die gefügten Bauteile werden dann gemeinsam in einem Kalibrierwerkzeug gepresst. Dadurch wird die geometrische Qualität sichergestellt und die Bauteile fest miteinander verbunden. Zwischen den Dichtkanten am Umfang wird später eine Dichtung aufgebracht. Die Begrenzungen der Dichtung werden beim Kalibrieren nicht umgeformt.

Aufgrund der komplexen Bauteilgeometrie und den dafür notwendigen filigranen Stempeln können keine hohen Dichten umgesetzt werden. Hohe Dichten führen zu hohen Pressdrücken, und damit zu Querkräften an den Stempeln, die zu Stempelbruch führen können. Übliche Dichten dieser Bauteile sind 6,4 bis 6,8 g/cm^3. Nicht jeder Absatz der Stirnfläche des Bauteils wird durch einen eigenen Stempel abgebildet. Daher ist die Dichte im Bauteil eher inhomogen. Um bei den geringen Dichten die Handhabbarkeit sicherzustellen, wird Schwammeisenpulver eingesetzt, das eine hohe Grünfestigkeit aufweist. Als Material wird ein weicher Stahl mit geringen Kupfer- und Kohlenstoffanteilen verwendet, der durch seine plastische Verformbarkeit das Fügen der Einzelbauteile und die Verbindung durch den Kalibriervorgang begünstigt. Die geringe Festigkeit aufgrund der geringen und inhomogenen Dichte und dem geringen Anteil an Legierungselementen ist für diese Bauteile unproblematisch, da die Belastungen im Einsatz gering sind.

3.7.2 Lagerdeckel

In Abb. 3.36 sind Hauptlagerdeckel dargestellt, wie sie in Kolbenmotoren sowohl in Diesel- als auch in Benzinbetrieb verwendet werden. Diese Bauteile werden in Endkontur gepresst. Bei den hinteren Hauptlagerdeckeln sind die Bohrungen senkrecht zur Lagerachse mit eingepresst, die Pressrichtung ist daher in der Achsrichtung der Bohrungen. Bei den drei vorderen Bauteilen ist die Pressrichtung aufgrund der parallel zur Achsenrichtung liegenden Bohrungen in Richtung der Lagerachse. Das Material für Aussparungen wird dadurch komplett eingespart. Aktuell sind pulvermetallurgische Hauptlagerdeckel bis zu einem Schraubenabstand von 212 mm möglich. Die Anforderungen an die Qualität für diese Bauteile sind sehr hoch.

Die alternative Prozesskette ist Zerspanung eines Gusseisenrohlings mit Kugelgraphit. Das Endprodukt der pulvermetallurgischen Prozesskette weißt allerdings bei etwa gleicher Dichte ein besseres Verhältnis von Festigkeit zu Gewicht auf. Außerdem ermöglicht

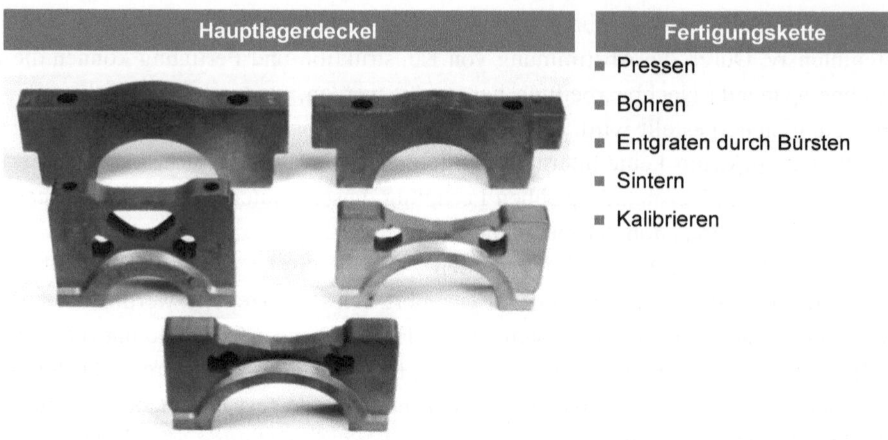

Abb. 3.36 Hauptlagerdeckel (Quelle: GKN Sinter Metals)

die pulvermetallurgische Prozesskette eine größere Endkonturnähe und damit weniger Zerspanarbeit gegenüber dem Gussrohling.

Die Stirnfläche der Lager mit dem Lagerbund wird durch einen profilierten Oberstempel und einen zweiteiligen Unterstempel geformt. Die Profilierung hat den Vorteil weniger Stempel und damit einer unaufwendigen Werkzeugfertigung und -steuerung. Allerdings ist dadurch die Dichte vergleichsweise inhomogen. Zur Vermeidung der Schädigung der Dorne für die Aussparungen bzw. die Schraubenbohrungen wird die durchschnittliche Gründichte auf 6,8 g/cm^3 begrenzt. Als Material wird eine Legierung mit Kupfer und Kohlenstoff gewählt. Kritisch bei diesen Bauteilen ist die hohe Belastung, da durch die Lagerung die Kraft des Systems aufgenommen wird.

Im grünen Zustand folgt eine spanende Fertigung der Schraublöcher bei den vorderen Bauteilen, bei denen diese quer zur Pressrichtung liegen. Anschließend werden die Bauteile durch Bürsten entgratet und gesintert. Die hohen Qualitätsanforderungen werden heute durch einen adaptiven Kalibriervorgang erreicht, der für jedes Bauteil entsprechend der Eingangsmaße angepasst wird.

3.7.3 Nockenwellenverstellung

Die Nockenwellenverstellung von Viertaktmotoren ermöglicht eine Anpassung der Ventilsteuerung an den Betriebszustand des Motors. Variiert wird die Dauer in denen die Ventile geöffnet sind. In Abb. 3.37 ist ein Zusammenbau eines Kettenrades und eines Rotors abgebildet. Der Rotor hat im Kettenrad eine definierte rotatorische Bewegungsfreiheit um die gemeinsame Achse, die in der Nockenwellenverstellung genutzt wird. Diese Winkelverstellung erfolgt hydraulisch mit der Öleinspeisung über die Nockenwelle. Beim Starten des Motors fehlt der zur Steuerung notwendige Öldruck. Um die Funktionsweise auch

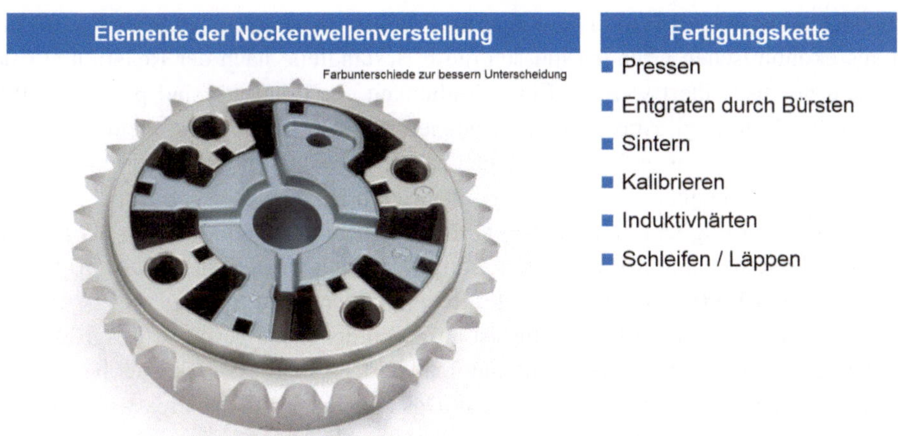

Abb. 3.37 Elemente der Nockenwellenverstellung (Quelle: GKN Sinter Metals)

beim Start sicherzustellen, ist eine Verriegelung vorgesehen, die in die kleine Bohrung des Rotors im oberen Teil des Bildes eingreift. Die rechteckigen Aussparungen an den Fügestellen sind für Dichtungen vorgesehen. Der Trend geht jedoch zur Erhöhung der Präzision, um die Dichtigkeit durch einen äußerst engen Spalt der Kontaktpartner sicherzustellen und damit Dichtungen vermeiden. Die Bauteile der Nockenwellenverstellung werden vor allem pulvermetallurgisch hergestellt. Kritische Anforderungen an das Bauteil sind die Dynamik im Einsatz und die hohe Präzisionsanforderung.

Die Bauteile werden auf eine Dichte von 6,8 bis 7,0 g/cm^3 gepresst und anschließend durch Bürsten entgratet. Es wird eine Eisenlegierung mit Kupfer, Kohlenstoff sowie ggf. Nickel verwendet. Nach dem Sintern wird aufgrund der hohen Genauigkeitsanforderungen kalibriert. Die Kettenverzahnung wird zur Erhöhung des Verschleißschutzes induktiv gehärtet. Dazu ist der Kohlenstoffanteil dieses Bauteils auf 0,6 % erhöht. Die Toleranzen in Höhenrichtung sind sehr eng. Daher werden die Stirnseiten geschliffen oder geläppt.

Die Fertigungskette dieses Bauteilspektrums ist vergleichsweise einfach. Deswegen und aufgrund der hohen Präzisionsanforderungen und der komplexen Geometrie eignet sich dieses Bauteilspektrum besonders gut für die pulvermetallurgische Fertigungskette.

3.7.4 Filter

Pulvermetallurgische Filter werden in den unterschiedlichsten Bereichen eingesetzt. Beispiele sind die Filterung von Bier in der Lebensmittelindustrie oder die Filterung von Katalysatoren in der chemischen Industrie. Die Filterherstellung wird hier am Beispiel eines Katalysator-Rückgewinnungs-Filters erläutert.

Bei vielen chemischen Prozessen werden Katalysatoren benötigt, um die Aktivierungsenergie für Reaktionen zu verringern. Die Katalysatoren basieren z. B. auf mit Palladium beschichteten Graphitpartikeln. Diese sind im Produkt suspendiert. Aus technischen und auch aus ökonomischen Gründen müssen diese Bestandteile nach der Reaktion aus der Flüssigkeit herausgefiltert werden. Eine Möglichkeit zur Filterung sind pulvermetallurgische, poröse Filter, vgl. Abb. 3.38. Sie zeichnen sich durch eine hohe chemische sowie thermische Beständigkeit und eine hohe mechanische Festigkeit aus. Am weitesten verbreitet sind Filter, die über eine asymmetrische Membran verfügen, vgl. Abb. 3.38 mitte. Diese Membran ermöglicht eine Filtration von Partikeln mit Abmaßen von bis minimal 0,1 µm und lässt sich durch Rückspülen reinigen. Übliche Filter sind bis zu 90 mm im Durchmesser und 1500 mm lang und in der Regel Sonderanfertigungen.

Die Prozesskette der Filterherstellung ist aufgrund der meist geringen Losgrößen von typischerweise 100–1000 Stück nicht automatisiert. Das Presswerkzeug besteht aus einem Elastomermantel und einem Stahlkern. Das Pulver wird in das Presswerkzeug eingefüllt und isostatisch gepresst. In das Presswerkzeug wird ein gedrehtes, ringförmiges Anschlussstück schmelzmetallurgischen Stahls mit eingesetzt und somit beim Pressen an das Bauteil angepresst. Der isostatische Pressvorgang ermöglicht eine gleichmäßige Größenverteilung der Poren über die komplette Länge des Filterelements. Der Grünling wird entformt und unter Schutzgas- oder Vakuumatmosphäre bei Temperaturen knapp unterhalb des Schmelzpunktes gesintert. Übliche Dichten für die porösen Filterelemente liegen bei 4 g/cm^3. An das Anschlussstück wird nun ein Verbindungselement, z. B. ein Gewindeflansch angeschweißt. Durch das angepresste Anschlussstück wird Aneinanderschweißen von massivem und porösem Material vermieden und somit die Korrosionsbeständigkeit des Bauteils erhöht. Ein alternatives Verfahren zur Herstellung von Filterkerzen ist das Rollen und Schweißen von porösen Platten, die jedoch in aggressiver Umgebung zu Korrosion im Bereich der Schweißnähte neigen.

Zur Erhöhung der Abscheideleistung und vor allem zur Verbesserung der Rückspülbarkeit können Filter mit einer metallischen Membran versehen werden. Dazu wird der Filterrohling im Wet Powder Spray Verfahren, ähnlich einem Lackiervorgang, über eine

Abb. 3.38 Filter für die chemische Industrie (Quelle: GKN Sinter Metals)

Suspension mit Metallpulver beschichtet. Anschließend werden die Filter erneut gesintert, um die Beschichtung dauerhaft zu binden. Die Schicht kann nicht vor dem ersten Sintern aufgebracht werden, da das feine Pulver sehr sinterfreudig ist und bei den hohen Temperaturen des ersten Sintervorgangs dicht sintern würde. Entsprechend der Kundenanforderungen folgt eine stichprobenartige Prüfung bis hin zur 100 %-Prüfung der Filter. Aufgrund der Anwendung in der chemischen Industrie ist eine gleichbleibende Qualität und Dichtigkeit von sehr hoher Bedeutung.

Aufgrund der korrosiven Arbeitsumgebung werden als Material Edelstahl oder Nickel-Basis-Legierungen verwendet. Wichtig für die Funktion des Filters sind die Poren. Es wird ein vergleichsweise grobes Pulver verwendet, um große Poren vorzuhalten. Weiterhin wird ein geringer Pressdruck im Vergleich zur Formteilherstellung verwendet, um eine hohe Porosität zu erreichen. Durch die Verwendung von spratzigem, wasserverdüstem Pulver liegt bei geringen Dichten eine ausreichende Grünfestigkeit vor. Schwammeisenpulver eignet sich aufgrund der hohen Korrosionsanfälligkeit reinen Eisens nicht. Für den gesamten Filter inklusive der Anschlussstücke wird die gleiche Legierungszusammensetzung verwendet.

3.7.5 Planetenträger

Planetenträger kommen in Automatikgetrieben in Automobilen zum Einsatz und definieren die Lage der Planeten zum Sonnen- und zum Hohlrad und vereinen die einzelnen Leistungen der Planeten. Aufgrund der stetig steigenden Anforderungen an Effizienzsteigerung und erhöhter Leistung, wird die Komplexität der Produkte immer weiter steigen.

Der in Abb. 3.39 dargestellte Planetenträger, der zwei Planetenradsätze trägt, stammt aus der amerikanischen Automobilindustrie. Hierbei sind im Gegensatz zum europäischen Automobilmarkt die Anforderungen an Gewichts- und Platzeinsparungen vergleichsweise gering. Daher wird eine einfache Materialkombination aus Eisen mit zugemischtem

Fertigungskette

- Pressen
- Entgraten durch Bürsten
- Zusammensetzen und Sinterlot aufbringen durch Roboter
- Sintern inkl. Sinterlöten
- Spanende Nachbearbeitung der Bohrungen (Honen) und ggf. der Stirnflächen (Drehen)
- Induktionshärten

Abb. 3.39 Planetenträger (Quelle: GKN Sinter Metals)

Kupfer sowie Graphit verwendet, die auf Dichten im Bereich 6,8 bis 7,0 g/cm³ gepresst wird. Außerdem wird daher ein robusteres Design gegenüber einer Anpassung des Materials bevorzugt, um die Festigkeitsanforderungen zu erreichen. Die Alternative zur pulvermetallurgischen Herstellung ist die Blechumformung. Die Herausforderung an die pulvermetallurgische Prozesskette stellt das Fügen dar, das hier durch Sinterlöten erfolgt und eine genaue Einstellung der Atmosphäre, der Temperatur und des Materials bedingt.

Die pulvermetallurgische Prozesskette eignet sich für diese Bauteile insbesondere durch die komplexe Geometrie der Einzelkomponenten. Gleichzeitig bietet die PM-Prozesskette eine hohe Produktivität bei konstanter Qualität.

Zu Beginn der Herstellung werden die Einzelkomponenten gefertigt. Das oben abgebildete Bauteil besteht aus 3 Einzelteilen. Diese werden nach dem Pressen im Grünzustand durch Bürsten entgratet. Anschließend erfolgt das Zusammensetzen der Einzelbauteile zum Endprodukt. Dabei wird pillenförmiges Sinterlot in Aussparungen an je einer Seite der Kontaktflächen gegeben. Die zusammengesetzten Grünlinge werden gedreht, sodass das Lot beim Erschmelzen den Fügespalt und nicht die Aussparung füllt. So positioniert werden die Grünlinge palettiert und in einem kontinuierlichen Ofen gesintert.

Bei Erreichen der Sintertemperatur von 1120 °C verflüssigt das Lot und dringt in die (noch) offene Porosität des Bauteils ein. Dabei besteht die Gefahr, dass das Lot versickert und die Bauteile nicht fest verfügt werden. Dies wird jedoch dadurch vermieden, dass eine gewisse Löslichkeit des Grundmaterials im Lot besteht. Beim Eindringen in die Poren, diffundiert Grundmaterial ins Lot und erhöht damit deutlich die Schmelztemperatur, sodass das Lot erstarrt, und die offene Porosität an den Kontaktflächen schließt. Dieser Fügevorgang heißt Sinterlöten. Anschließend werden Maße mit sehr engen Toleranzen spanend nachbearbeitet, wie z. B. Honen der Bohrungen. Zur Festigkeitssteigerung werden die Bauteile induktionsgehärtet. Alle Prozesse verlaufen automatisch, nur einzelne Transportschritte erfolgen manuell.

3.7.6 Synchronkörper

Synchronkörper sind Teil der Synchronisierung beim Schaltvorgang. Der Synchronkörper sitzt fest auf der Welle mit der Steckverzahnung in der Bohrung. Auf dem Synchronkörper sitzt die Schaltmuffe. Sobald die Schaltmuffe Kontakt mit dem Synchronring hat, wird von dem Zahnrad, über den Synchronring und die Schiebemuffe, die Bewegung mithilfe des Synchronkörpers auf die Welle übertragen (Abb. 3.40).

Die Geometrie dieser Synchronkörper ist aufgrund der vielen Aufgaben und Kontakte sehr komplex. Aufgrund der komplexen Geometrie, die in Achsrichtung kaum variiert, hat sich die pulvermetallurgische Fertigung in der Herstellung der Synchronkörper durchgesetzt, so dass aktuell keine alternativen Verfahren genutzt werden. Die kritischen Anforderungen an die Prozesskette sind die engen Toleranzen.

Nach dem Pressen der Bauteile werden die Grünlinge durch Bürsten entgratet und zu 100 % zur Qualitätssicherung gewogen. Die Grünlinge werden im Ofen gesintert und aus

Abb. 3.40 Synchronkörper (Quelle: GKN Sinter Metals)

der Sinterhitze gehärtet und ggf. angelassen. Aufgrund der hohen Härte wird beim Kalibrieren nach dem Sinterhärten nur noch die Verzahnung geglättet und gerichtet, wozu nur ca. 20 % des Drucks vom Pulverpressen benötigt wird.

Die Nabenanlagefläche wird von dem innersten, also dem längsten Stempel gepresst. Dieser wird beim Pressen am stärksten elastisch verformt und ist damit kritisch für die Einhaltung der Toleranzen. Bei sehr engen Toleranzen muss daher immer noch nachbearbeitet werden.

Diese Prozesskette ist stark automatisiert. Die Automatisierung hatte bei Einführung keinen direkten wirtschaftlichen Vorteil, da ein großes Investment benötigt wird. Allerdings kann durch Vermeidung von z. B. ungleichmäßiger Handhabung die Bauteilqualität deutlich gesteigert werden, sodass sich die Investition in Automatisierung langfristig lohnt.

Die Entwicklung bei der Herstellung von Synchronkörpern geht hin zu höheren Dichten und damit zu höheren Festigkeiten. Durch eine geschickte Abstimmung von höherem Pressdruck von 600 auf bis zu 800 MPa beim Pulverpressen und Auswahl der Presshilfsmittel konnte die Dichten von 7,1 auf bis zu 7,3 g/cm^3 gesteigert werden, wobei letztere noch mit hohem Aufwand verbunden ist. Das Material besteht aus Eisen mit Nickel und Molybdän, um die Härtbarkeit sicherzustellen, sowie 0,6 % Kohlenstoff und Kupfer.

3.7.7 Differentialkegelräder

In Abb. 3.41 sind verschiedene Differentialkegelräder dargestellt. Das Differential besteht aus zwei gegenüberliegenden Achskegelrädern an einem Radpaar. Zwischen diesen Achskegelrädern sind mehrere Ausgleichskegelräder angeordnet. In Abb. 3.41 sind oben

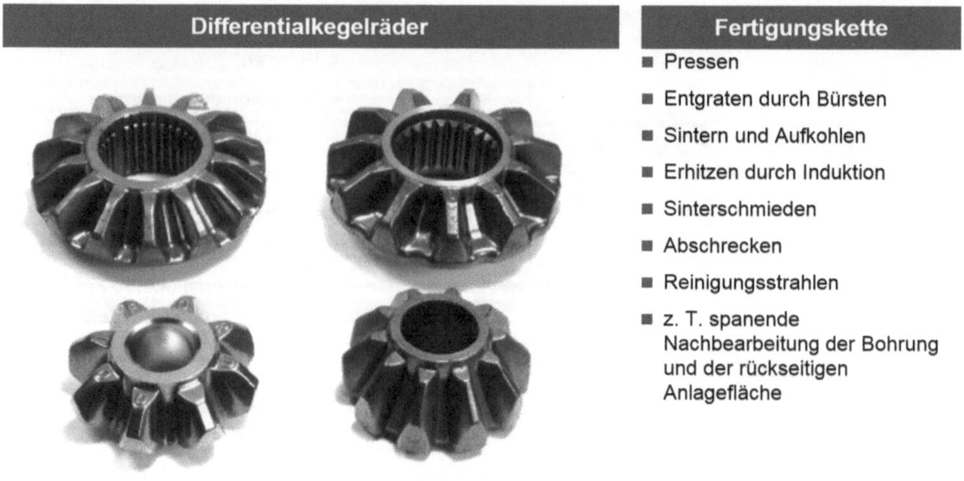

Differentialkegelräder

Fertigungskette

- Pressen
- Entgraten durch Bürsten
- Sintern und Aufkohlen
- Erhitzen durch Induktion
- Sinterschmieden
- Abschrecken
- Reinigungsstrahlen
- z. T. spanende Nachbearbeitung der Bohrung und der rückseitigen Anlagefläche

Abb. 3.41 Differentialkegelräder (Quelle: GKN Sinter Metals)

Achskegelräder und unten Ausgleichskegelräder dargestellt. Die Achskegelräder haben eine Steckverzahnung für die Welle-Nabe-Verbindung.

Differentiale werden im Automobilbau eingesetzt, um unterschiedliche Geschwindigkeiten der Räder der angetriebenen Achse zu ermöglichen. Dies ist z. B. in Kurven von Bedeutung: Wird eine Kurve durchfahren, ohne dass es zu Schlupf zwischen den Rädern und dem Boden kommt, hat das innere Rad eine geringere Drehzahl als das äußere Rad. Die unterschiedlichen Geschwindigkeiten werden durch das Differential ermöglicht. Bei gleicher Geschwindigkeit treiben die Ausgleichsräder die Achsen an, ohne um die eigene Achse zu rotieren. Bei einer Geschwindigkeitsdifferenz treiben die Ausgleichsräder das schneller drehende Achskegelrad an und das Langsamere wälzt auf ihnen ab. Alternativen zur pulvermetallurgischen Fertigung sind Schmieden oder Kaltfließpressen. Es bestehen für diese Bauteile hohe Anforderungen an Festigkeit und Verschleißbeständigkeit.

Bei der pulvermetallurgischen Fertigung von Differentialkegelrädern wird zunächst eine ringförmige Vorform mit einer kegeligen Stirnfläche durch Pressen hergestellt und anschließend durch Bürsten entgratet. Diese Grünlinge werden gesintert und im hinteren Teil des gleichen Ofens bei einer reduzierten Temperatur von ca. 985 °C mit einem Kohlenstoffpotenzial von 0,9 % aufgekohlt. Das Aufkohlen aus der Sinterhitze hat den Vorteil, dass der Energieaufwand einer weiteren Aufheizung eingespart wird. Durch die offene Porosität dringt der Kohlenstoff aus der Ofenatmosphäre deutlich schneller in das Bauteil ein, als bei volldichten Bauteilen, daher ist eine Anpassung des Aufkohlungsprozesses gegenüber volldichten Bauteilen notwendig. Nach dem Aufkohlen wird das Bauteil aus der Sinterhitze langsam ohne zu Härten abgekühlt.

Die Vorform wird erst durch einen Schmiedeprozess zu dem Differentialkegelrad umgeformt. Dies kann prinzipiell aus der Sinterhitze erfolgen, sofern eine Verkettung der Prozesse lohnenswert ist. In dem Fall der in Abb. 3.41 abgebildeten Differentialkegelräder wurde keine Verkettung vorgesehen. Daher wird die Vorform vor dem Sinterschmieden induktiv erhitzt. Beim Sinterschmieden wird bei einer Temperatur oberhalb der Rekristallisationstemperatur die Vorform zum Kegelrad umgeformt. Dabei erfolgt der Materialfluss vornehmlich in Pressrichtung, also in Achsrichtung des Kegelrads. Durch das Sinterschmieden kann die Dichte und damit die Festigkeit deutlich erhöht werden. Weiterhin wird auch eine hohe Präzision erreicht. Übliche Dichten liegen für Differentialkegelräder zwischen 7,5 bis 7,8 g/cm^3. Der Sinterschmiedevorgang ist notwendig, da die Bauteile eine hohe Anforderung an Festigkeit und Verschleißbeständigkeit haben. Als Material wird ein typischer Sinterschmiedestahl mit Anteilen von Nickel, Molybdän und Mangan verwendet. Zur Erreichung der Verschleißfestigkeit werden die Bauteile aus der Schmiedehitze abgeschreckt. Die aufgekohlte Schicht wird wie das übrige Volumen beim Schmieden umgeformt. Die verschleißharte Schicht liegt nach dem Schmieden und Abschrecken vor allem am Zahnkopf und dem oberen Teil der Zahnflanke vor und ist in der Zahnfußrundung minimal.

Durch das Schmieden und den Luftkontakt der heißen Oberflächen des Bauteils beim Schmieden kommt es zur Verzunderung. Daher schließt sich dem Abschrecken ein Reinigungsstrahlprozess an. Ggf. ist eine spanende Nachbearbeitung der Bohrungen oder der rückseitigen Anlageflächen zur Toleranzeinhaltung notwendig.

3.7.8 Stator

In Abb. 3.42 ist der Aufbau einer Transversalflussmaschine gezeigt. Die Transversalflussmaschine ist eine Variante einer elektrischen Maschine, bei der der magnetische Fluss parallel zur Drehachse läuft. Um den Umfang des Rotors, der mit Permanentmagneten bestückt ist, ist eine Spule gewickelt. Stirnseitig sind jeweils Statoren angebracht, die pulvermetallurgisch aus verpressten, gegeneinander isolierten Eisenpartikeln hergestellt sind.

Der Stator leitet durch seine hohe magnetische Permeabilität die Magnetfeldlinien vollständig auf den inneren Ring und konzentriert diese auf die Magnetpole des Rotors. Alternativ zur pulvermetallurgischen Fertigung werden die Bauteile durch Stanzen von Blechen in schichtweisem Aufbau mit Papierisolation gefertigt. Die Isolation verhindert Wirbelströme, welche sich zwischen den Blechen ausbreiten würden. Da die Wirbelstromverluste proportional zu dem Quadrat der Frequenz steigen, sinkt bei Frequenzen über 400 Hz trotz Papierisolation der Wirkungsgrad der Maschine erheblich. Eine Lösung dieses Problems stellt die Pulvermetallurgie zu Verfügung.

Durch die gegeneinander isolierten Eisenpartikel werden die Verluste im Stator enorm verringert. Dies gilt sowohl für die Eisenverluste, die durch Hysterese des Materials entstehen, als auch für Wirbelströme, die sich durch die Isolation nicht mehr ungehindert ausbreiten können. Daher bietet die pulvermetallurgische Fertigung eine Möglichkeit, den Wirkungsgrad der Transversalflussmaschine insbesondere bei hohen Frequenzen deutlich zu steigern. Die Herausforderung bei der pulvermetallurgischen Fertigung sind die

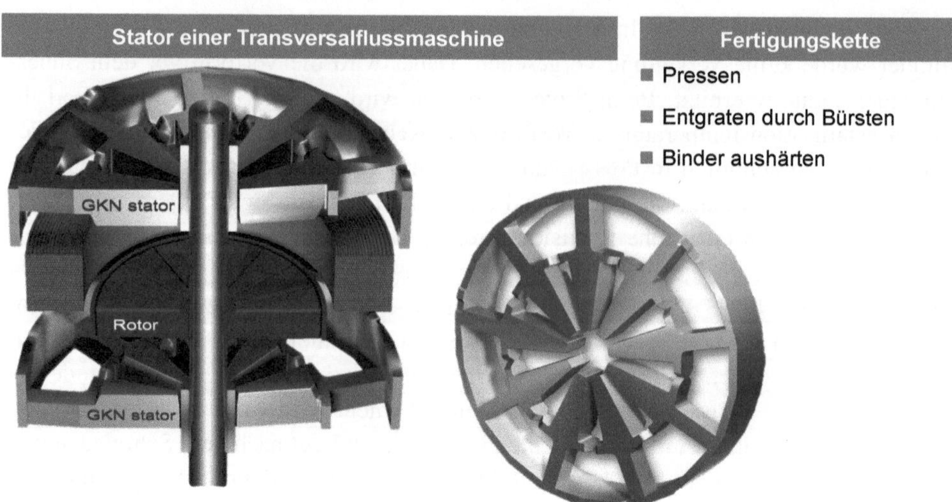

Abb. 3.42 Stator einer Transversalflussmaschine (Quelle: GKN Sinter Metals)

dreidimensionale Geometrie des Stators und das Pulverdesign. Wirtschaftlich wird das pulvermetallurgische Konzept durch Gestaltoptimierung oder beim Einsatz bei höheren Frequenzen.

Der Kern des isolierten Pulvers besteht aus Eisen ggf. mit Phosphorzusatz. Dieses Pulver ist wasserverdüst mit einer maximalen Korngröße von 0,2 mm im Durchmesser. Die mittlere Schicht ist ein Isolator mit einer Dicke von 1 µm. Eingeschlossen wird dieses Pulver durch eine Binderschicht. Die Schichten werden in mehreren Vorgängen aufgebracht. Dieses Pulver wird uniaxial auf eine Dichte von 6,8 bis 7,1 g/cm^3 in Form gepresst und durch Bürsten entgratet. Dabei dient der Binder als Schmiermittel. Bei der Auswahl der Pulverkomponenten ist zu beachten, dass die mittlere Schicht den Pressvorgang aushalten muss, da die Partikel im Endprodukt isoliert sein sollen, um Wirbelströme gering zu halten. Der Grünling wird nicht gesintert, sonder durch den Harz-Binder verfestigt, der bei 200–600 °C aushärtet, da beim Sintern bei über 1100 °C die Isolationsschicht beschädigt würde.

3.8 Sintern von Schleifscheiben

Metallgebundene Schleifscheiben mit hochharten Schleifmitteln (CBN und Diamant) und Diamantabrichtwerkzeuge haben vielfältige Anwendungsbereiche. Im Folgenden soll ausschließlich auf Werkzeuge eingegangen werden, bei denen Metallbindungen für diese Schleif- und Abrichtwerkzeuge durch Sinterprozesse hergestellt werden. Neben dem Sintern werden Metallbindungen auch durch galvanisch abgeschiedene Nickelbindungen oder durch Hochtemperatur-Vakuumlöten realisiert, sowohl für Schleifscheiben wie auch für Abrichtwerkzeuge. Hierauf wird in diesem Beitrag nicht eingegangen.

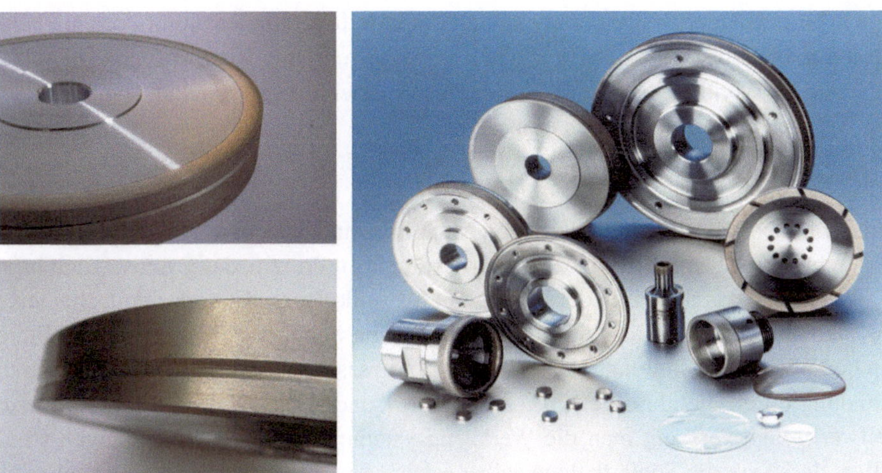

Abb. 3.43 Metallgebundene Diamantwerkzeuge zur Bearbeitung von Mineralglas (Quelle: Saint-Gobain Diamantwerkzeuge GmbH & Co. KG)

Metallbindungen besitzen die höchste Verschleißfestigkeit von allen verwendeten Bindungsarten. Damit sind Voraussetzungen geschaffen, stark abrasiv wirkende Materialien zu bearbeiten. Hierzu gehören beispielsweise die Bearbeitung unterschiedlicher Gesteinsarten, die von Gläsern und Keramiken sowie die Bearbeitung von Halbleitermaterialien und auch Hartmetallen (Abb. 3.43 und 3.44). Für die Bearbeitung von sprödharten, nichtmetallisch anorganischen Werkstoffen werden Diamant-, für die Bearbeitung von Eisenlegierungen werden CBN-Schleifscheiben verwendet.

Die in Abb. 3.43 links gezeigten metallgebundenen Schleifscheiben werden zur Randbearbeitung von Brillengläsern verwendet, rechts sind verschiedene Werkzeuge zur Flächen- und Randbearbeitung von optischen Komponenten dargestellt. Die Pellets

Abb. 3.44 Metallgebundene Schleifscheiben zum Werkzeugschleifen von Hartmetall und Schnellarbeitsstahl (Quelle: TYROLIT Schleifmittelwerke Swarovski K.G)

werden in Grundkörpern aufgenommen, um Feinschleifoperationen auf optischen Flächen auszuführen. In Abb. 3.44 sind Schleifscheiben dargestellt, mit denen vorwiegend Schleifaufgaben in der Werkzeugfertigung durchgeführt werden. Als Satzschleifscheiben werden sie auf Werkzeugschleifmaschinen eingesetzt.

Die pulvermetallurgischen Prozessketten zur Herstellung von Diamant- und CBN-Schleifwerkzeugen unterscheiden sich untereinander nicht grundsätzlich. Dem großen Vorteil der hohen Verschleißfestigkeit von Metallbindungen steht als Nachteil gegenüber, dass sie schwierig abzurichten und zu schärfen sind. Ein Prinzip, das grundsätzlich immer anwendbar ist, ist das Schleifen der Beläge mit SiC- oder auch Korundschleifscheiben. Es ist das Standardverfahren für die Endbearbeitung von Schleifscheiben nach dem Sintern und in der Wiederaufbereitung. Das Wirkprinzip dieses Verfahrens ist ein Materialabtrag der Bindung durch die abrasive Wirkung der SiC- und Al_2O_3-Körner. Beim Einsatz der Schleifwerkzeuge versucht man die Werkzeugsysteme und Prozessbedingungen so einzustellen, dass sich die Schleifbeläge selbst schärfen und die Schleifscheiben sehr lange Standzeiten haben, im Sonderfall sogar bis zum vollständigen Verbrauch der Schleifscheibe. Wenn dies nicht gelingt, müssen zusätzliche Schärfprozesse realisiert werden. Bei der Wiederaufbereitung von Schleifscheiben im Werk des Schleifscheibenherstellers können neben den mechanischen Schärfverfahren auch chemische, elektrochemische und funkenerosive Schärf- und Profilierverfahren angewandt werden [Klin09].

Die Prozesskette zum Herstellen von Schleifscheiben ist durch die gleichen Prozesse gekennzeichnet, wie sie in der allgemeinen Pulvermetallurgie Anwendung finden und vorgestellt wurden. Besonderheiten ergeben sich, wenn sehr feinkörnige Pulver und Hartstoffe verarbeitet werden müssen oder wenn zur Automatisierung des Füllens die Pulver-Hartstoffgemische zunächst granuliert werden. Bei der Herstellung von metallgebundenen Schleifwerkzeugen reichen die Stückzahlen bei Sonderwerkzeugen von der Einzelfertigung (z. B. Schleifwalzen zur Bearbeitung von Refraktärmaterialien oder Profilwerkzeugen) bis zum Herstellen von Schleifbelägen in großer Stückzahl (z. B. Pellets zur Glasbearbeitung, Aufsätze für Gattersägen oder Kreissägen zur Gesteinsbearbeitung). Entsprechend unterschiedlich sind die im Detail realisierten Sinter- und Nachbearbeitungsprozesse.

Das Metallbindungssystem muss die Hartstoffe gut benetzen, um einen festen Bindungsverbund zwischen der Bindung und den Hartstoffen herzustellen. Große Bedeutung besitzen Bronzen mit unterschiedlichen Kupfer-Zinn-Gehalten. Üblich sind z. B. Kupfer-Zinn-Bronzen der Zusammensetzung 80/20 oder 90/10. In Abschn. 3.2.2 wurden die grundsätzlichen Legierungstechniken beschrieben und es wurde erläutert, dass die Legierungstechnik auch die Pressbarkeit beeinflusst. Abb. 3.45 zeigt dies beispielhaft am Verlauf der erreichbaren Dichte über dem Pressdruck für eine Standardbronze.

Es wird deutlich, dass sich Pulvergemische wesentlich besser verdichten lassen als fertiglegierte Pulver. Im Vergleich zur Massenfertigung von Komponenten für die Automobilindustrie sind die verarbeiteten Pulvermengen in der eher mittelständig organisierten Schleifscheibenindustrie gering. Deshalb werden hier bevorzugt Pulvergemische verarbeitet. Außerdem kann man die Bindungsrezepturen gezielter auf besondere Anforderungen der sehr unterschiedlichen Anwendungen zuschneiden. Die große Freiheit in der

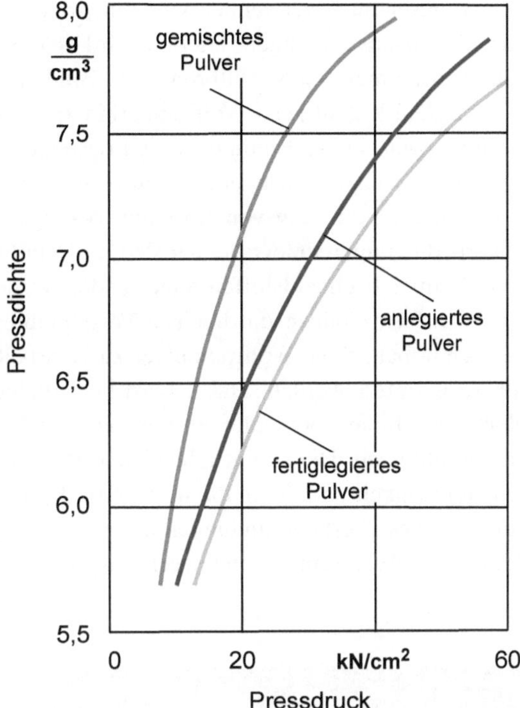

Abb. 3.45 Pressdichte in Abhängigkeit vom Pulver und vom Pressdruck für Bronzepulver [Zapf81]

Bindungszusammensetzung birgt für den Werkzeughersteller allerdings die Gefahr, dass eine Vielzahl von Bindungsvarianten entsteht, die zu einer hohen Variantenvielfalt führen.

Den Kupfer-Zinn-Bronzen können auch weitere Legierungselemente zugemischt werden, z. B. Silber, wodurch sich in der Anwendung gut freischleifende Schleifscheibentopografien einstellen, oder auch Kobalt, wenn die Verschleißfestigkeit erhöht werden muss, z. B. bei der Bearbeitung von Gläsern und Gestein. Bronzebindungen sind relativ einfach zu verarbeiten, sie sind gut zu verdichten, und sie werden mit flüssiger Phase im Temperaturbereich von 500 °C bis 700 °C gesintert.

Eine höhere Verschleißfestigkeit als reine Bronzen besitzen kobaltbasierte Sinterbindungen. Es ist auch üblich, Kobaltpulver und Bronzen miteinander zu mischen, z. B. 80 % Kobaltpulver und 20 % Bronzepulver (80/20) oder in der Zusammensetzung 90/10. Andere Mischungen sind auch möglich, bis zur Verwendung von hochkobalthaltigen oder reinen Kobaltbindungen. Reine Kobaltbindungen sind schwierig zu sintern, schon kleinste Veränderungen in der Pulverbeschaffenheit oder das Vorhandensein von Oberflächenoxiden und auch der Bezug von Pulver verschiedener Hersteller kann Sinterprobleme herbeiführen. Deshalb werden reine Kobaltbindungen aus unterschiedlichen Chargen gemischt oder bei sehr sensiblen Werkzeugen vor Freigabe in die Fertigung durch Probe-Sintern überprüft. Reine Kobaltbindungen werden insbesondere zur Bearbeitung von Glas- und Gesteinswerkstoffen verwendet. Es ist zunehmend festzustellen, dass auch Eisen als

Legierungselement verwendet wird. Ein wichtiger Grund hierfür sind die Rohstoffpreise oder Spezialanwendungen. Hierauf wird später noch eingegangen. Eisenpulver werden häufig zusammen mit Kobaltbronzen in Bindungssystemen zusammengeführt.

Wird dem Kobalt auch Wolframkarbid zugemischt, entstehen Rezepturen für Hartmetallbindungen. Diese Bindungen sind besonders verschleißfest und werden zur Herstellung von Diamantabrichtwerkzeugen verwendet (Abb. 3.46).

Die in der Fertigung von Abrichtwerkzeugen verwendeten Hartmetallrezepturen und Sinterbedingungen unterscheiden sich im Detail erheblich von jenen, die zur Herstellung von Hartmetallschneidstoffen angewendet werden. Kobaltbasierte Hartmetallbindungen mit WC-Zusatz haben die höchste Verschleißfestigkeit von allen Metallbindungen. Es ist auch üblich, reine Wolframpulver zu verarbeiten, die z. B. unter reduzierender Atmosphäre gesintert werden. Dabei wird kein dichtes Gefüge angestrebt, sondern das verbleibende offene Porenvolumen wird anschließend mit einer flüssigen Bronze infiltriert und geschlossen. Die so entstehenden Verbundwerkstoffe haben eine hohe abrasive Verschleißfestigkeit und durch die infiltrierte Bronzephase werden die Diamanten gut eingebunden. Diese Verbundbindungen finden für Abrichtwerkzeuge Anwendung. Spezialbindungen zur Bearbeitung von Gläsern können in ähnlichen Prozessen hergestellt werden.

Abb. 3.46 Stehende Diamantabrichtwerkzeuge (Quelle: Saint-Gobain Diamantwerkzeuge GmbH & Co. KG)

Eine Anwendung für die Verwendung von eisenhaltigen Bindungen ist das Polierschleifen von Halbleiterwerkstoffen und Formen aus Hartmetall. Diese Bindungssysteme wurden insbesondere mit der Entwicklung des ELID-Verfahrens in den 90er Jahren bekannt. Das Verfahrensprinzip hierzu wurde 1990 von Ohmori veröffentlicht [Ohmo90]. Beim ELID-Schleifen wird durch eine anodische Reaktion an der Schleifscheibe ein oxidbasierter und passivierender Reaktionsbelag gebildet, der während des Schleifens abgetragen wird. Es stellt sich in Abhängigkeit von den Schleifparametern ein dynamisches Gleichgewicht zwischen elektrochemischem Oxidschichtwachstum und mechanischem Abtrag der Schicht ein, sodass sich ein selbstregelnder kontinuierlicher Abrichtprozess ergibt. Auf diese Art und Weise bleibt die Schleifscheibe immer schleiffähig, der Abrichtbetrag ist sehr klein und es sind hervorragende Oberflächengüten insbesondere bei Verwendung kleiner Hartstoffkorngrößen prozesssicher erzielbar. Wenn diese Bindungssysteme in Verbindung mit Mikrokörnungen oder Submikro-Diamantkörnungen verwendet werden, spricht man auch vom Spiegel-Glanzschleifen. Das Schleifen von Flächen mit optischer Qualität in Glaspressformen aus Standardhartmetall-, Keramik und binderfreiem Hartmetall sind mögliche Anwendungen (Abb. 3.55).

Die Variationsmöglichkeiten der Bindungen bei der Herstellung von Diamant- und CBN-Werkzeugen sind sehr vielfältig. Die Bindungseigenschaften können den Anwendungen gut angepasst werden. Das Mischen erfolgt in Mischsystemen mit unterschiedlichen Mischwerkzeugen und Mischbewegungen. Grundsätzlich kommt es aber immer darauf an, die Pulver, Sinterhilfsmittel und Hartstoffe rezepturgetreu zu mischen und statistisch gleichmäßig zu verteilen. Bei schwierig zu mischenden Rezepturen kann dies auch durch Zugabe von Flüssigkeiten (Kohlenwasserstoffverbindungen) und Mischhilfen (z. B. Hartmetallkugeln in Kugelmischern) erfolgen. Hier ist es das Ziel, die Komponenten gut zu dispergieren und intensiv zu mischen. Entmischungen der Rezeptur können bei Pulvermischungen durch Transporterschütterungen, beim Füllen und beim Verdichten auftreten. Durch Granulieren der Pulvergemische werden diese Problematiken verringert, ebenso durch die Verwendung von fertiglegierten Pulvern. Beim Verdichten tritt das grundsätzliche Problem auf, dass Dichtegradienten nicht zu vermeiden sind. Auch bei der Schleifscheibenherstellung sind ein- und zweiseitige Verdichtungstechniken Stand der Technik. In Sonderfällen werden die Gemische auch in isostatischen Pressmatrizen verdichtet und/oder heißisostatisch nachverdichtet. Das Füllen tiefer, schmaler Kavitäten erfordert häufig einen mehrstufigen Füllvorgang, ggf. mit Zwischenpressen. Die sich in der Zwischenzone einstellenden Trennflächen müssen vor dem folgenden Füllvorgang aufgeraut werden, um Trennlinien zu vermeiden und Eigenschaftsschwankungen auszuschließen.

Bei der Verarbeitung von Mikrokörnungen werden hohe Anforderungen an die Reinheit der Metallpulver, der Hartstoffpulver, an die Einhaltung der Korngrößenverteilungen und das Vermeiden von Kornübergrößen gestellt. Häufig müssen deshalb Metallpulver windgesichtet werden, um aus Vorbearbeitungen vorhandene Fremdstoffe, z.B Hartmetallrückstände, und Übergrößen zu separieren. Das Füllen der Formen geschieht bei der Verarbeitung von Mikrokörnungen in entsprechend eingerichteten Reinräumen.

Ein wichtiges Presshilfsmittel und ein wichtiger Formenwerkstoff ist Graphit. Graphit kann einerseits dazu verwendet werden, die Reibung zwischen den Metallpulverteilchen und auch an den Formenwänden zu reduzieren. Andererseits ist Graphit ein Festkörperporenbildner, der nach dem Sintern in der Bindung verbleibt. Beim Schleifen wirkt Graphit dann als Festschmierstoff. Wenn Graphit als Porenbildner verwendet wird, erfolgt das häufig in Kombination mit spröden Metallbronzen, z. B. Co-Ag-Bronzen. Diese Bindungssysteme sind geeignet, durch Einrollen (Crushieren) oder auch mit Diamantabrichtwerkzeugen profiliert zu werden. Neben Graphit werden auch Stearate als Festschmierstoff beim Pressen verwendet, um die Reibung innerhalb des Pulvergemisches und an den Formenwänden zu reduzieren, und um eine möglichst gleichmäßige Dichteverteilung zu erhalten. Stearate müssen während des Sintervorgangs ausgebrannt werden. Hochgraphithaltige Sprödbronzebindungen sind auch zum Schleifen von polykristallinen Diamant- und polykristallinen CBN-Schneidwerkzeugen geeignet. Sie sind für diese Anwendungen aber weitgehend von keramischen Bindungssystemen ersetzt. Das Sintern erfolgt in neutraler oder leicht reduzierender Atmosphäre. Häufig wird Formiergas (Mischung aus Stickstoff und Wasserstoff im Verhältnis 90/10 oder 95/5) oder auch reiner Stickstoff als Sinteratmosphäre verwendet. Der Wasserstoff wirkt auf Metalloxide reduzierend. In Sonderfällen muss unter reiner Wasserstoffatmosphäre gesintert werden.

Das Sintern von Metallbelägen findet in Haubenöfen ohne gleichzeitigen Druck, auf Drucksinterpressen bei gleichzeitiger Erwärmung und Druck oder in Durchlauföfen ohne gleichzeitigen Druck statt. Bei der Verarbeitung von Bronzen liegen die Sintertemperaturen zwischen 500 °C und 700 °C, als Formenwerkstoffe werden Warmarbeitsstähle und auch Nickelbasislegierungen verwendet. In Abhängigkeit von der Erwärmungsart (Gas, Mittelfrequenz-Induktion, Widerstand) können auch Graphitformen zum Einsatz kommen. Die grundsätzlichen Verfahrensschritte zur Herstellung von Graphiten zeigt das Ablaufschema in Abb. 3.47.

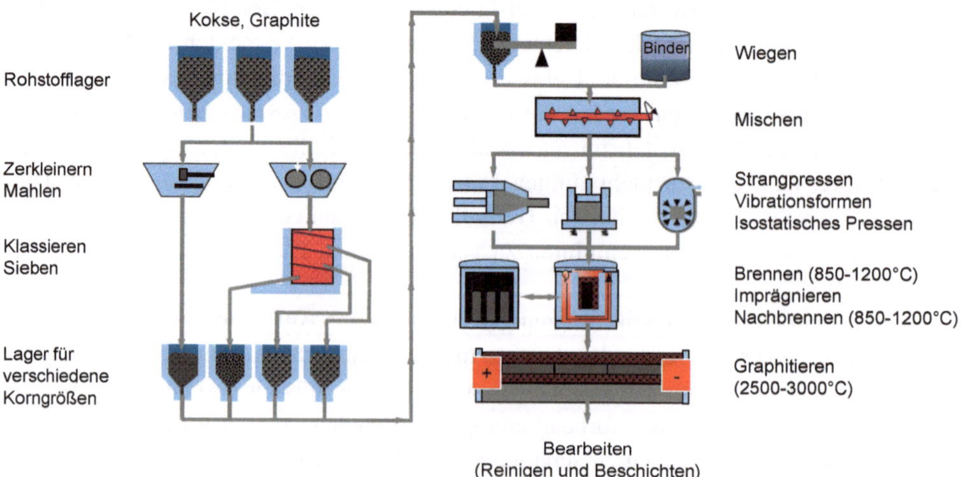

Abb. 3.47 Herstellungsroute für Graphit (Quelle: SGL Carbon SE)

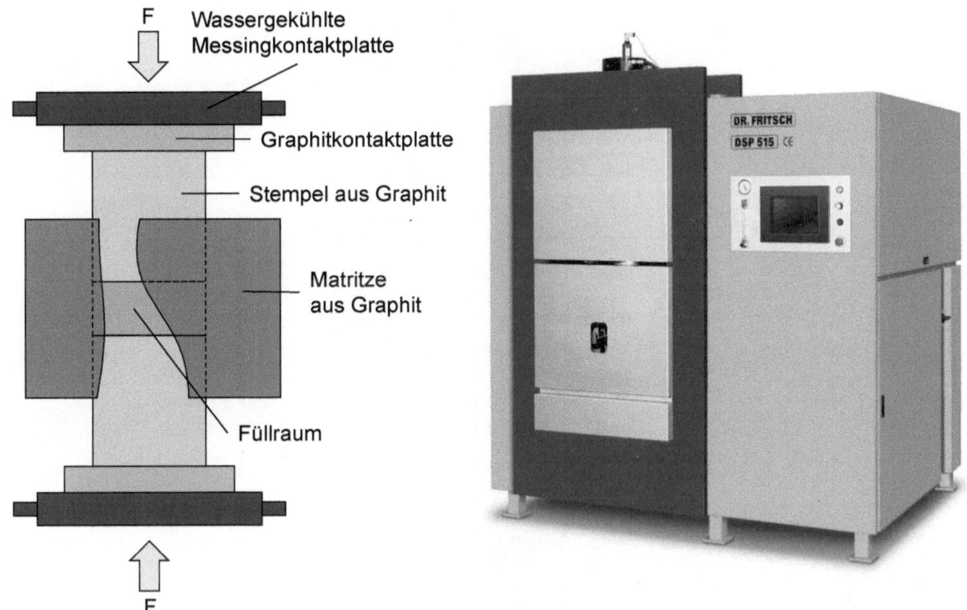

Abb. 3.48 Drucksinterpresse (Quelle: Dr. Fritsch GmbH)

Durch Imprägnieren werden offene Poren geschlossen, und es kann die Festigkeit und Leitfähigkeit eingestellt werden. Übliche Imprägniermittel sind Peche, Kunstharze und Metalle. Ein Beispiel zum Drucksintern mit Graphitformen und Widerstanderwärmung zeigt Abb. 3.48.

Beim Drucksintern mit Widerstanderwärmung erfolgt die Erwärmung durch direkten Stromfluss durch die Graphitstempel. Graphitformen eigenen sich auch um induktiv erwärmt zu werden. Über eine außen angebrachte Spule wird über Mittelfrequenz elektrische Energie in die Außenwand der Graphitform eingekoppelt, hier in Wärme umgewandelt und dann über Wärmeleitung nach innen zum Sintergut geführt. Bei der Verwendung von Graphitformen entstehen im und um das Sintergut nur gering sauerstoffhaltige oder sauerstofffreie Atmosphären. Durch leichten Graphitabbrand ist die Atmosphäre in der Sinterkammer leicht mit Kohlenstoff angereichert. Ein möglicher Kohlenstofftransport in das Sintergut ist im Allgemeinen unkritisch, die leicht reduzierende oder neutrale Kohlenstoffatmosphäre ist für den Sintervorgang aber förderlich. Da beim Drucksintern mit Widerstanderwärmung und Mittelfrequenzerwärmung bei Sintertemperatur das Sintergut auch gleichzeitig mit Druck beaufschlagt werden kann, sind die Gefüge dichtgesintert. Über die Zeit-Temperaturführung beim Aufheizen, Sintern und Abkühlen sowie Druckprofile kann gezielt die Gefügeausbildung beeinflusst werden.

Nach dem Sintern in Haubenöfen findet in Abhängigkeit von der verwendeten Bindung bei Bedarf ein Heißpressen auf separaten Pressen zur Einstellung eines dichten Gefüges und zur Beeinflussung der Gefügeausbildung statt. Bei der Herstellung von

Abb. 3.49 Segmentierte Bohrkronen (Quelle: TYROLIT Schleifmittelwerke Swarovski K.G)

Schleifbelagsegmenten werden auch isostatische Nachverdichtungen (HIP) durchgeführt. Die Segmente werden durch Fügeverfahren (z. B. Laserschweißen oder Hartlöten) mit einem Grundkörper verbunden (Abb. 3.49).

Bei Werkzeugen für die Gesteinsbearbeitung (Gesteinssägen) wird der Grundkörper Stammblatt genannt, bei Gattersägen Gatterblatt. Flexible Diamantwerkzeuge zum Einsatz im freien Gelände, z. B. beim Gesteinsabbau oder beim Zurückbauen von Gebäuden, sind Seilsägen. Seilsägen bestehen aus einem flexiblen Trägerseil aus Stahl, auf das rollenförmige Diamantschneidteile aus gesinterter Bronze oder galvanisch mit Diamant belegte Rollen aufgefädelt sind. Die Diamantrollen werden mit Abstandshaltern und/oder Federelementen auf Distanz gehalten, die Abstandshalter schützen auch das Trägerseil im Einsatz. Die Makrogeometrie und auch die Diamantierung und Bindung werden dem zu schneidenden Material angepasst (Abb. 3.50).

Die Schleifscheiben oder Belagsegmente sind nach dem Sintern und der Nachverdichtung noch nicht einsatzfähig. Es schließen sich Schärfverfahren zur Freilegung der Körner und zum Einstellen eines geeigneten Kornüberstandes an. Bei Präzisionsschleifscheiben muss auch die Geometrie hergestellt werden. Dies geschieht durch Schleifen mit konventionellen Schleifmitteln oder durch Funkenerosion, Schleifbelagsegmente werden chemisch geschärft.

Das Profilieren von metallgebundenen Schleifscheiben durch funkenerosive Bearbeitung ist ein Sonderverfahren. Die kinematischen Grundprinzipien des elektroerosiven Abrichtens zeigt Abb. 3.51.

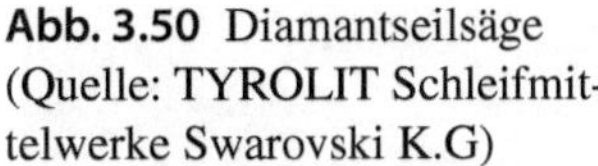

Abb. 3.50 Diamantseilsäge (Quelle: TYROLIT Schleifmittelwerke Swarovski K.G)

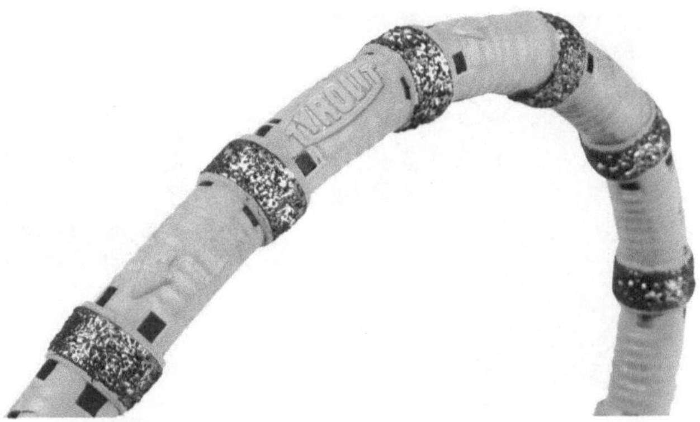

Durch Drahterosion können flexibel Geometrien hergestellt werden. Mit Mehrfachschieberwerkzeugen können hierfür Profile geometrienah vorgepresst werden. Das Senkerodieren ist auch möglich, beschränkt sich aber auf besondere Anwendungen, bei denen ausreichend hohe Stückzahlen profiliert werden müssen. Die physikalischen Wirkprinzipien unterscheiden sich bei den beiden Verfahren nicht, im Detail werden die Entladebedingungen und das Dielektrikum verfahrensspezifisch angepasst.

Das Drahterodieren wird insbesondere für die Profilierung von feinkörnigen Schleifscheiben zur Bearbeitung von Halbleitermaterialien und Werkzeugen zur Optikfertigung sowie zur Schneidkantenpräparation in der Werkzeugtechnik verwendet. Hierbei wird das Herstellen der Schleifscheibenprofile durch die Installation zusätzlicher Rotationsachsen auf konventionellen Senk- bzw. Drahterodiermaschinen ermöglicht. Insbesondere im Bereich der Drahterosion lassen sich so unterschiedliche Makro- und Mikroprofilgeometrien in

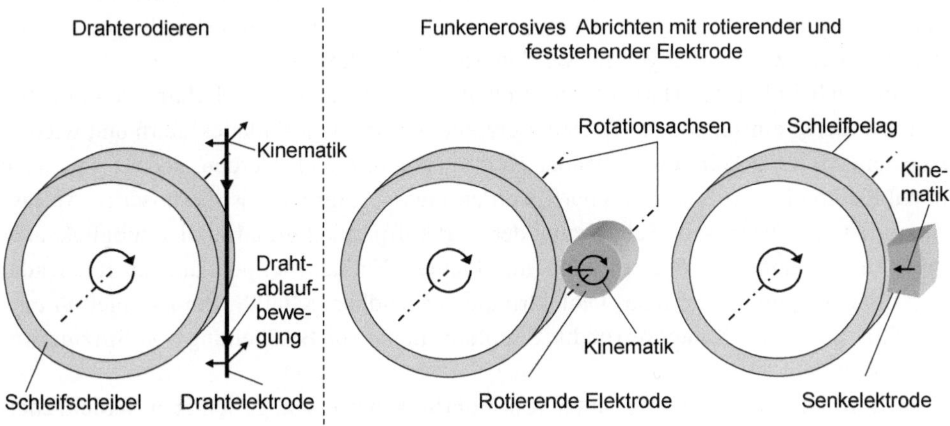

Abb. 3.51 Prinzipien des funkenerosiven Abrichtens von metallgebundenen Schleifscheiben

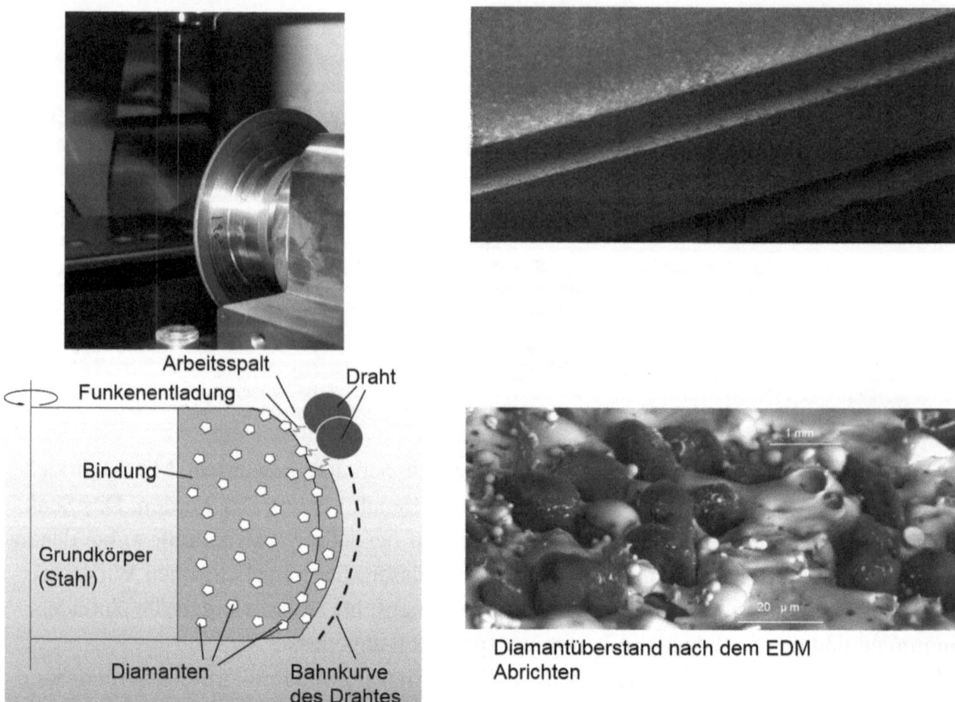

Abb. 3.52 Drahtfunkenerosives Abrichten zum gleichzeitigen Profilieren und Schärfen [Klin09]

hoher Präzision auf Umfangsschleifscheiben durch einfache Variation der programmierten Werkzeugbahn aufbringen. Die elektrischen Entladungen werden zwischen der elektrisch leitfähigen Metallbindung und der Werkzeugelektrode gezündet und tragen primär das Bindungsmaterial ab. Hierdurch können sowohl eine Profilierung als auch eine Schärfoperation gleichzeitig durchgeführt werden, siehe Abb. 3.52.

Lediglich bei kleinsten Hartstoffkorngrößen kann aufgrund der sich durch den Funkenerosionsprozess einstellenden Mikrotopographie in Form von Entladekratern und wiedererstarrtem Material kein ausreichender Kornüberstand erzielt werden, sodass ggf. noch einmal elektrochemisch nachgeschärft werden muss. Aufgrund des thermischen Abtragprinzips ist eine thermische Schädigung der Hartstoffpartikel grundsätzlich möglich, aber durch eine geeignete Prozessführung mit kleinen Entladeenergien und ausreichender Spülung und Kühlung durch das Dielektrikum vermeidbar [Klin09]. Ein Beispiel für eine mehrrillig profilierte Kantenverrundungsschleifscheibe zur Bearbeitung von Siliziumwafern zeigt Abb. 3.53.

Ein Beispiel zum Einsatzverhalten von drahtfunkenerosiv abgerichteten Schleifscheiben zeigt Abb. 3.54. Hier ist ein Linsenarray gezeigt, das in ein binderfreies WC-Hartmetall eingeschliffen wurde. Dieses Werkzeug wird zum Präzisionsblankpressen von Glaslinsen verwendet, die zur Strahlformung der „slow-axes“ (Abb. 3.57) eines Diodenlasers verwendet werden. Zum Vorschleifen wurden Schleifscheiben mit Eisen-Bronzebindung

Abb. 3.53 Mehrrillige bronzegebundene Schleifscheibe zur Kantenverrundung von Wafern (Quelle: Saint-Gobain Diamantwerkzeuge GmbH & Co. KG)

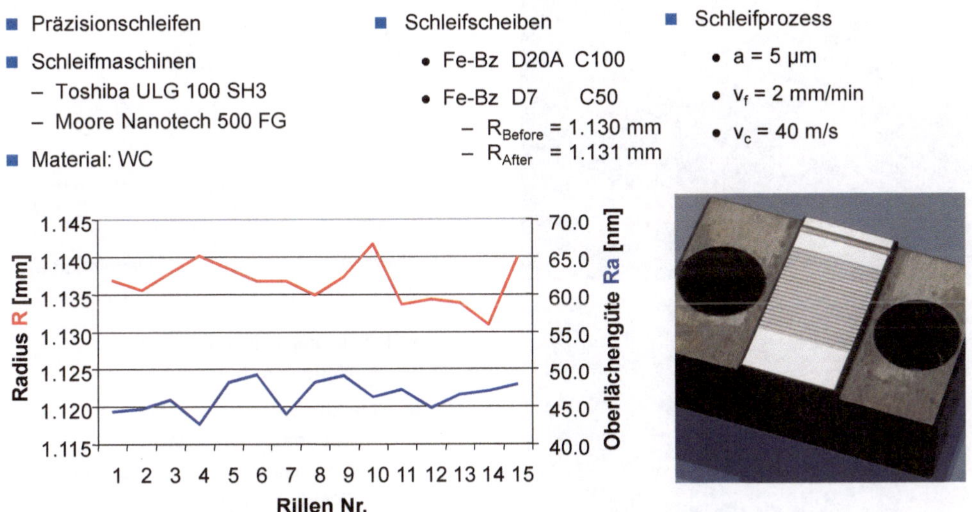

Abb. 3.54 Schleifen mehrrilliger Profile mit Fe-Bz gebundenen Diamantschleifscheiben [Klin09]

und Diamantkörnungen D20 in einer Diamantkonzentration von 4,4 ct/cm³ (C100) verwendet, zum Feinschleifen wurde die Korngröße bei ansonsten gleicher Diamantierung auf D7 verringert (bei gleicher volumetrischer Konzentration bedeutet dies eine Erhöhung der Kornanzahl etwa um den Faktor 27). Bei Schleifzustellungen von $a_e = 5$ µm, Vorschubgeschwindigkeiten von $v_f = 2$ mm/min und einer Schnittgeschwindigkeit von $v_c = 40$ m/s wurden Oberflächengüten von $R_a \sim 45$ nm erreicht. Dies reicht für das Glaspressen noch nicht aus, es müssen noch abschließende Polierprozesse durchgeführt werden. Alternativ können auch Feinstschleifoperationen mit Hartstoffmikrokörnungen und einem elektrochemisch basierten Abrichten wie beispielsweise das ELID-Schleifen eingesetzt werden.

Beim ELID-Schleifen (Electrolytic In-Process Dressing) wird durch eine anodische Reaktion an der Schleifscheibe ein oxidbasierter und passivierender Reaktionsbelag gebildet, der während des Schleifens abgetragen wird. Es stellt sich in Abhängigkeit von den Schleifparametern ein dynamisches Gleichgewicht zwischen elektrochemischem Oxidschichtwachstum und mechanischem Abtrag der Schicht ein, sodass sich ein selbstregelnder kontinuierlicher Abrichtprozess ergibt. Auf diese Art und Weise bleibt die Schleifscheibe immer schleiffähig, der Abrichtbetrag ist sehr klein und es sind hervorragende Oberflächengüten auch bei Verwendung kleiner Hartstoffkorngrößen prozesssicher erzielbar.

Das ELID-Schleifen mit Fe-Bindungen, Fe-Bronze-, Co-Bronze- und reinen Bronzebindungen ist möglich, wenn das als Kühlmittel und gleichzeitig als Elektrolyt dienende Fluid so modifiziert wird, dass die Bildung der oxidischen Anodenschicht überhaupt

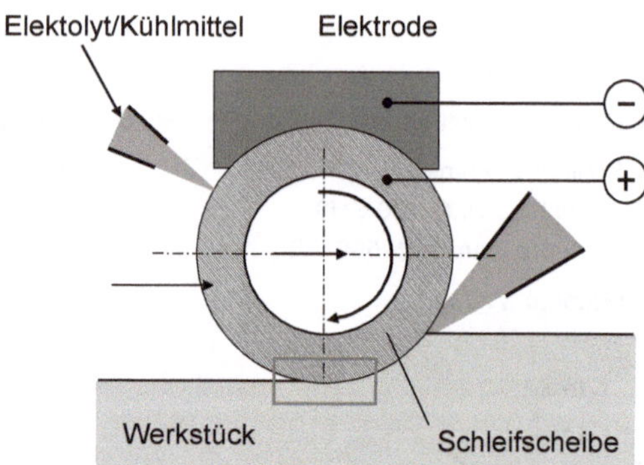

- Präzisionsschleifmaschine
  - Nanotech (5 Achsen)
- Werkstück:
  - Material: WC
  - Geometrie: R = 100 mm,
  - Oberflächengüte: Ra = 5 nm
- Schleifscheibe: Co-Bz D3 C35
- ELID-Parameter:
  - Cimiron CG-7 (1:50)
  - U = 60 V; τ = 0.1; f = 100 kHz; α = 100°; Gap = 0.4 mm

Abb. 3.55 Prinzip und Anwendung des ELID Schleifens [Klin09]

ermöglicht wird und dann so kontrolliert werden kann, dass der elektrochemische Abtrag nicht zu einer unzulässigen Veränderung der Makrogeometrie führt. Abb. 3.55 zeigt das Prinzip des ELID Abrichtens und die Implementierung auf einer Versuchsmaschine.

Essenziell für das ELID-Schleifen sind die Zusammensetzung des Fluids und die Kontrolle des Belagaufbaus auf der Schleifscheibe. In Abb. 3.56 ist zu erkennen, dass der oxidische Anodenbelag sowohl aufwächst als auch Schleifscheibenmaterial nach innen auflöst. Die Bildungsmechanismen und Redox-Reaktionen sind u. a. auch von der Schleifscheibenzusammensetzung abhängig. Rechts in Abb. 3.56 ist dargestellt, dass sich bei sonst gleichen Bedingungen eine reine Cu-Bronze anodisch auflöst und keine Oxidschicht bildet. Dieses System erfüllt damit nicht die ELID-Bedingungen, die schematisch links unten in Abb. 3.56 dargestellt sind. Demgegenüber ist bei der Verwendung einer Eisenbronze deutlich die an der Oberfläche gebildete Oxidschicht zu erkennen (Abb. 3.56 rechts unten). Die Grundbedingungen für ELID-Schleifen sind in diesem System erfüllt.

Abb. 3.57 zeigt Glaspressformen und gepresste Glaslinsen, die durch drahterodierte Diamantschleifscheiben vorgeschliffen und die dann durch ELID-Schleifen fertigbearbeitet wurden. Dabei wurde der ELID-Prozess nicht kontinuierlich betrieben, sondern schrittweise so gesteuert, dass die Schleifscheibe immer die Mindestschneidfähigkeit behielt. Dadurch wurde der chemisch provozierte Belagverlust minimiert und die Schleifscheibenstandzeit verlängert.

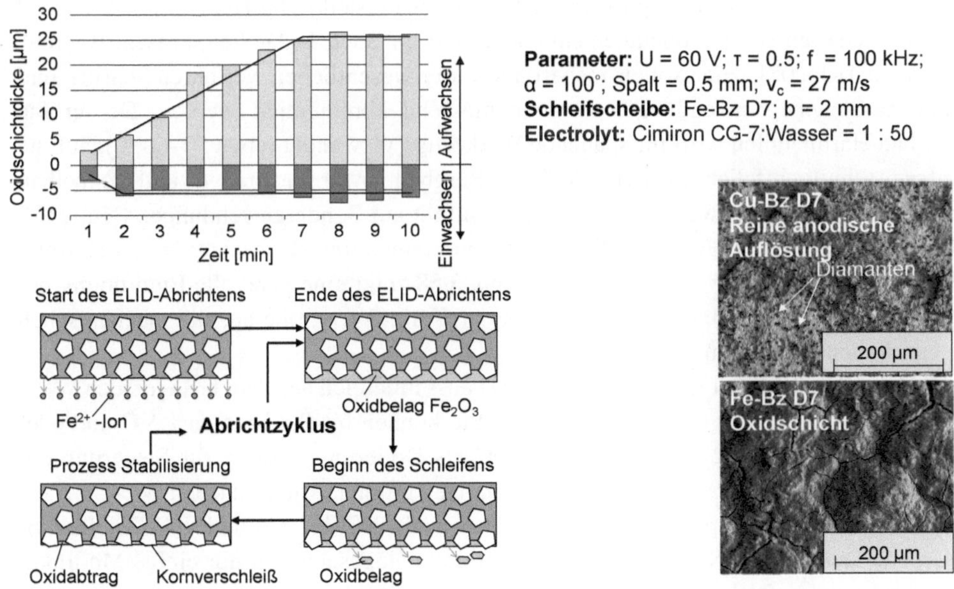

Abb. 3.56 Bildung der Anodenschicht über der Abrichtzeit [Klin09]

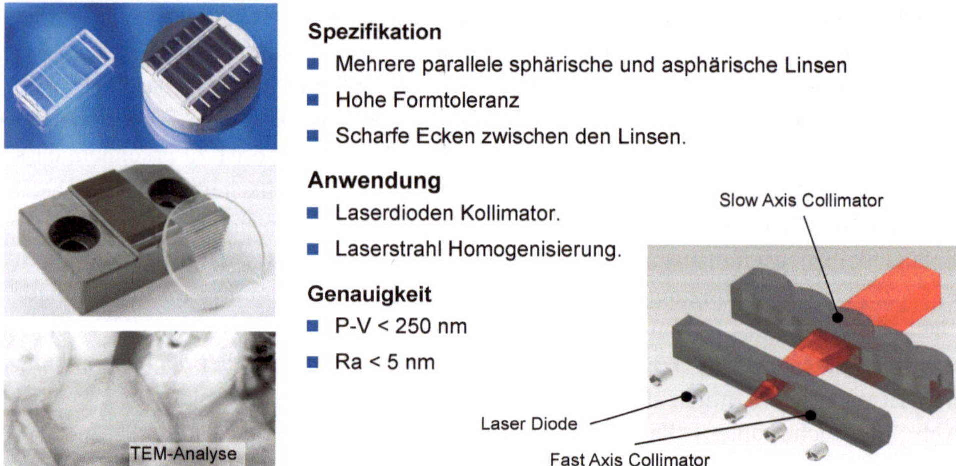

Abb. 3.57 Herstellen von Zylinderlinsen durch Glas-Präzisionsblankpressen in binderfreien WC-Hartmetallwerkzeugen

3.9 Sintern von Hartmetallen

Hartmetalle werden ebenfalls pulvermetallurgisch hergestellt. Die Herstellungskette und die Eigenschaften von Hartmetallen sind detailliert im Band 1 „Drehen, Fräsen, Bohren" dargestellt [Kloc08]. Hier sollen insbesondere die wesentlichen Verfahrensschritte und einige zusätzliche Anwendungen zusammenfassend kommentiert werden. Der größte Anteil an Hartmetallen wird für spanende Werkzeuge verwendet (etwa 50–60 %), auf die Umformtechnik entfallen etwa 10–15 %, im Bergbau sowie im Straßen- und Tunnelbau werden etwa 20 % angewendet und der Rest entfällt auf Sonderanwendungen [Hmtg13]. Über die Rezeptur und die Herstellbedingungen können die Eigenschaften von Hartmetallen in weiten Grenzen variiert werden. Abb. 3.58 zeigt eine generelle Einordnung der Schneidstoffe, in Abb. 3.59 ist der Einfluss der Karbidkorngröße auf die mechanischen Eigenschaften von Hartmetallen gezeigt.

Die Hartmetalle dieser Gruppe bestehen fast ausschließlich aus dem hexagonalen Wolframmonokarbid und der Bindephase Kobalt. Sie können bis 0,8 Massen% VC und/oder Cr_3C_2 und/oder bis zu 2 Massen% (Ta, Nb)C als Dotierungszusätze zur Steuerung der Gefügefeinheit und Gleichmäßigkeit enthalten. Den größten Anteil machen WC-Co Hartmetalle aus. In der Zerspantechnik werden aber auch WC-TiC-Co und WC-(Ti, Ta, Nb) C-Co oder auch TiC/TiN-Co Hartmetalle (Cermets) eingesetzt, um nur einige Modifikationen zu nennen. In der Umformtechnik kommt es im Allgemeinen darauf an, dass die verwendeten Hartmetalle eine ausreichende Zähigkeit und eine hohe Verschleißfestigkeit haben. Bei Werkzeugen zum Glaspressen werden quasi binderfreie Wolframkarbid (WC)-Hartmetalle eingesetzt, um die Diffusion von Co in die Glasphase zu unterbinden.

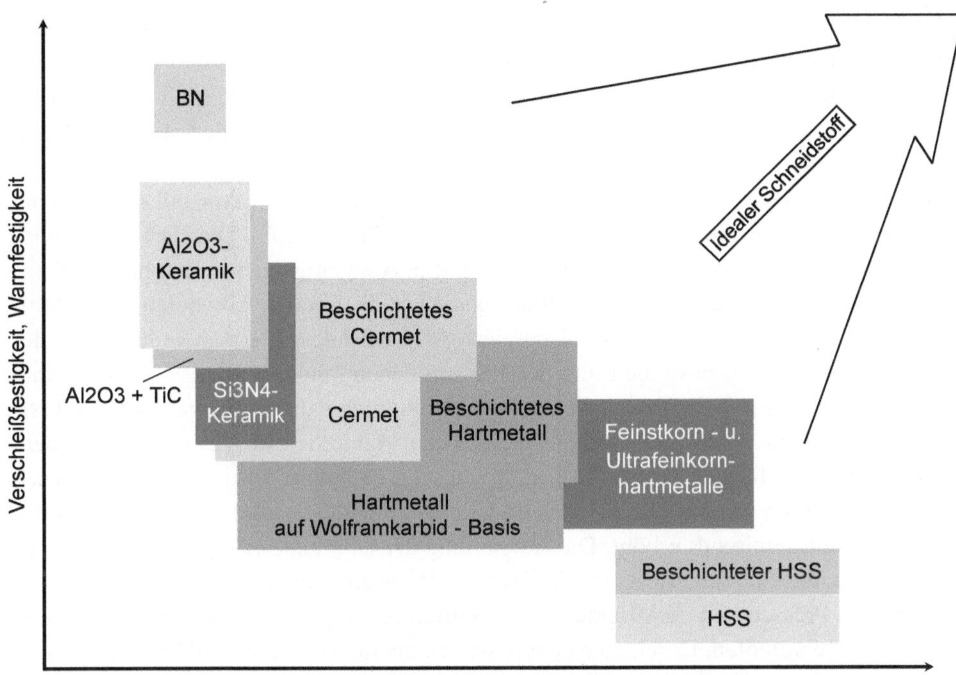

Abb. 3.58 Einordnung der Schneidstoffe

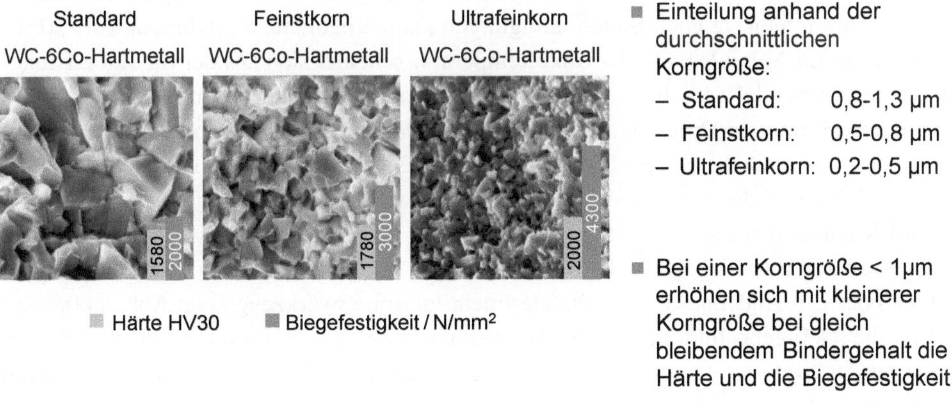

Abb. 3.59 Eigenschaften von Hartmetallen in Abhängigkeit von der Korngröße (Quelle: Kennametal Deutschland GmbH, Widia)

Nach der bisherigen Terminologie werden die WC-Co-Hartmetalle in Abhängigkeit von der durchschnittlichen WC-Korngröße im gesinterten Gefüge in Fein- (0,8–1,3 μm), Feinst- (0,5–0,8 μm) und Ultrafeinkorn-Hartmetalle (0,2–0,5 μm) unterteilt. Abweichend hiervon unterscheidet die Norm DIN ISO 513 nur zwischen Hartmetallen mit Korngrößen ≥ 1 μm (HW) und solchen mit WC-Korngrößen < 1 μm (HF) [DIN513].

Die Formgebungsverfahren zur Herstellung von Bauteilen aus Hartmetall sind in Band 1 „Drehen, Fräsen, Bohren" zusammenfassend dargestellt [Kloc08]. Die Hartstoffkomponenten und die Bindemittel werden gemischt und in Abhängigkeit von den herzustellenden Bauteilen durch Zugabe von Mahlflüssigkeiten (z. B. Aceton, Alkoholen) und Mahlhilfen (z. B. Hartmetallkugeln) fein dispergiert. Als Presshilfsmittel zur Reduzierung der Reibung an den Matrizenwänden und der Pulverteilchen untereinander werden Stearate verwendet. Die Mahlflüssigkeiten haben ferner die Aufgabe, das Pulvergemisch vor Oxidation zu schützen. Nach dem Mahlen werden die Mahlhilfen ausgesiebt. Für größere Stückzahlen, z. B. für das Herstellen von Wendeschneidplatten, wird das Pulvergemisch granuliert. Dadurch werden Entmischungen vermieden und es wird die Fließfähigkeit des Pulver-Hartstoffgemisches erhöht. Die Herstellung der Granulate erfolgt in Sprüh-Trocknungstürmen, das Pressen erfolgt in Matrizen auf Pressautomaten.

Nach dem Pressen und dem Herstellen der Grünlinge folgt das Sintern. Dies geschieht meistens in Vakuumöfen. Durch eine angepasste Temperaturführung wird bis etwa 500 °C zunächst das Presshilfsmittel ausgebrannt. Der Materialzusammenhalt wird durch Diffusion und durch das Auftreten von flüssigen Phasen (Flüssigphasensintern) hergestellt. Bei etwa 1300 °C tritt schmelzflüssige Bindephase auf, in der WC gelöst wird. Bei einer Sintertemperatur von etwa 1400 °C ist die gesamte Bindephase schmelzflüssig [Kloc08]. Die flüssige Phase benetzt die Karbide und unter der Wirkung der Oberflächenspannung sintern die Teile zusammen. Je nach Sinterbedingungen kann erhebliche Schwindung (bis 20 %) auftreten. Beim Abkühlen von der Sintertemperatur scheidet sich aus der flüssigen Bindephase entsprechend der Löslichkeitsbedingungen Wolframkarbid aus. Durch Einlassen von Argon unter erhöhtem Druck in die Sinterkammer können die Sinterbauteile nachverdichtet werden. Die nach der Erstarrung in der Bindephase noch gelösten Atome der Hartstoffphase stabilisieren die kobaltreiche Bindephase in der kubisch-kristallinen Gitterstruktur bis auf Raumtemperatur, ansonsten würde sich das Kobalt bei 417 °C in die hexagonale Gitterstruktur umwandeln [Sche88, Scha07]. Ein Gefügebild mit den verteilten WC-Karbiden und der Co-Bindephase sowie ein Hartmetallglaspresswerkzeug zeigt Abb. 3.60.

Für die Gefügeausbildung ist die Wechselwirkung von Wolframcarbid und Kobalt während des Sinterns wichtig. Die Sintertemperaturen für WC-Kobalthartmetalle liegen im Bereich zwischen 1400 und 1500 °C. Eine wichtige Prozessgröße beim Sintern ist der Kohlenstoffhaushalt. Nach dem Pressen der Pulverhartstoffgemische ist ein intensiver mechanischer Kontakt zwischen den Hartstoffen und der Bindephase hergestellt. Dies begünstigt die bei hohen Temperaturen einsetzenden Sintervorgänge. Oberflächendiffusion beginnt etwa bei 0,25 x Tamman-Temperatur. Ab etwa 0,5 Tamman-Temperatur setzt auch Gitterdiffusion ein [Sche88]. Da der Schmelzpunkt von Kobalt bei 1495 °C liegt,

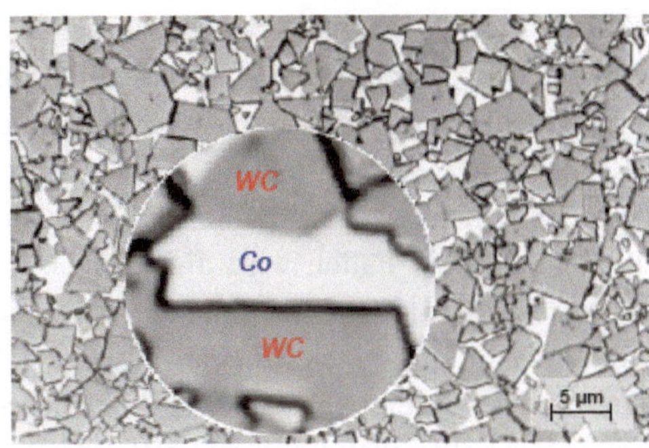

Abb. 3.60 Wolframkarbid und Kobalt in einem Gefügeschliff (links) und Hartmetallpresswerkzeug für sphärische Glaslinsen (rechts)

kann ab etwa 750 °C mit dem Einsetzen von Gitterdiffusion gerechnet werden. Durch weitere Wärmezufuhr löst Kobalt in zunehmendem Maße Wolframkarbid und nimmt auch freien Kohlenstoff auf. Bei etwa 1300 °C tritt die erste Schmelze auf, und es wird in zunehmendem Maße Wolframkarbid aufgelöst, bis die eutektische Zusammensetzung mit 54 % Kobalt und 46 % Wolframkarbid erreicht ist [Scha07].

Beim Abkühlen führen unterschiedliche Ausdehnungskoeffizienten von Bindemetall und Hartstoff zu inneren Spannungen. Da Wolframkarbid einen wesentlich geringeren Ausdehnungskoeffizienten als die metallische Bindephase hat, treten in der Hartstoffphase Druckspannungen und in der Co-Bindephase Zugspannungen auf [Scha07]. Das Phasensystem Hartstoff WC/Co-Bindungsmatrix steht nur in einem engen Band im Gleichgewicht. Außerhalb dieses Phasengleichgewichtes können die spröde η-Phase (W_3Co_3C) oder Kohlenstoff ausgeschieden werden. Dies ist unerwünscht, in beiden Fällen versprödet das Hartmetall [Scha07]. Da der Kohlenstoffgehalt beim Sintern z. B. durch Reaktionen mit der Sinterunterlage leicht schwanken kann, muss sichergestellt werden, dass die Sinterbedingungen im gewünschten Einstellfenster des Dreistoffsystems W-C-Co liegen. Deshalb kommt dem Kohlenstoffhaushalt beim Sintern von Hartmetallen eine besondere Bedeutung zu. Außerdem muss beim Abkühlen darauf geachtet werden, dass selektives Kornwachstum, bei dem einige große WC-Kristalle in einem ansonsten feinkörnigen Umfeld entstehen, vermieden wird. Auch hier spielt die Sinteratmosphäre eine wichtige Rolle.

Im Hinblick auf das Verschleiß- und Leistungsvermögen von unbeschichteten und beschichteten Hartmetallen kommt den Eigenschaften des Hartmetallsubstrats eine Schlüsselrolle zu. Das Hartmetall sollte im Hinblick auf einen hohen Widerstand der Schneidkante gegen plastische Deformation eine große Warmhärte und Druckfestigkeit aufweisen, gleichzeitig jedoch eine hohe Biegefestigkeit und damit eine ausreichend hohe Zähigkeit und Sicherheit gegen Rissbildung, Ausbröckelungen und Bruch besitzen. Allgemein gilt, dass zähe Hartmetalle geringe Härten und Druckfestigkeiten aufweisen. Diese beiden gegensätzlichen Schneidstoffeigenschaften werden maßgebend vom Gefügeaufbau des Grundmaterials bestimmt. Tendenziell gilt: mit zunehmendem Kobaltgehalt und mittlerer WC-Korngröße nimmt die Bruchzähigkeit zu, Härte und Druckfestigkeit nehmen ab (Abb. 3.61).

Mit zunehmendem Mischkarbidanteil sinkt die Bruchzähigkeit. Tantalkarbid wirkt sich günstig auf die Temperaturwechselfestigkeit aus. In vielen Fällen wird dies ausgenutzt. Bei Substraten für das Fräsen wird z. B. das Verhältnis TiC/TaC zugunsten des Tantalkarbids modifiziert. Durch die höheren Materialkosten sind einer Zulegierung von TaC jedoch Grenzen gesetzt. Gründe für das Minimum der Biegefestigkeit bei mittlerer Korngröße des Wolframkarbids sind geringere Größen der Fehlstellen bei kleiner Wolframkarbid-Korngröße. Die Rissentstehung in der Randzone des Probenkörpers ist aufgrund der geringen Größe der Fehlstellen gehemmt und das Minimum der Biegefestigkeit liegt bei mittlerer Korngröße durch den relativ geringen Widerstand gegenüber Rissentstehung und Rissausbreitung [Kloc08].

Auf Hartmetall-Wendeschneidplatten und andere Werkzeugausführungen für die spanende Bearbeitung wird ausführlich in Band 1 „Drehen, Fräsen, Bohren“ [Kloc08] eingegangen. Einige Werkzeuge sind beispielhaft in Abb. 3.62 dargestellt. Eine press- und sintertechnische Besonderheit ist das Herstellen von nachbearbeitungsfreien, positiven Wendeschneidplatten (Abb. 3.62, links und mitte). Die ganz wesentlichen presstechnischen Herausforderungen sind das Vorhalten der Schwindung beim Pressen und die Anordnung und Bewegung von Schiebern um die Hinterschnitte prozesssicher herzustellen. Es ist das Ziel, diese Wendeschneidplatten ohne spanende Nacharbeit nach dem Sintern einsetzen zu können, allenfalls findet an den Schneidkantenradien noch eine Nachbearbeitung statt. Die in Abb. 3.62 rechts dargestellten Fräswerkzeuge werden ausgehend von einem zylindrischen Hartmetallrohling in verschiedenen Schritten mit Diamantschleifscheiben in die Endkontur geschliffen.

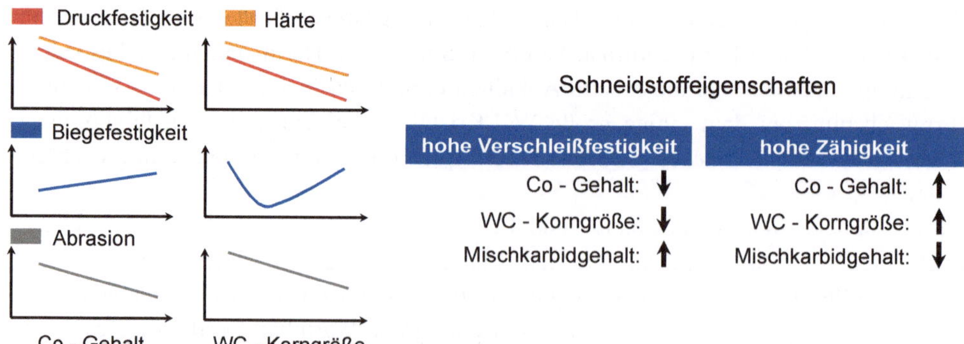

Abb. 3.61 Abhängigkeit mechanischer Kenngrößen von WC-Hartmetallen von der Rezeptur (Quelle: Kennametal Deutschland GmbH, Widia)

Abb. 3.62 Wendeschneidplatten mit positiver Schneidgeometrie und Vollhartmetallfräser (Quelle: CERATIZIT Austria GmbH)

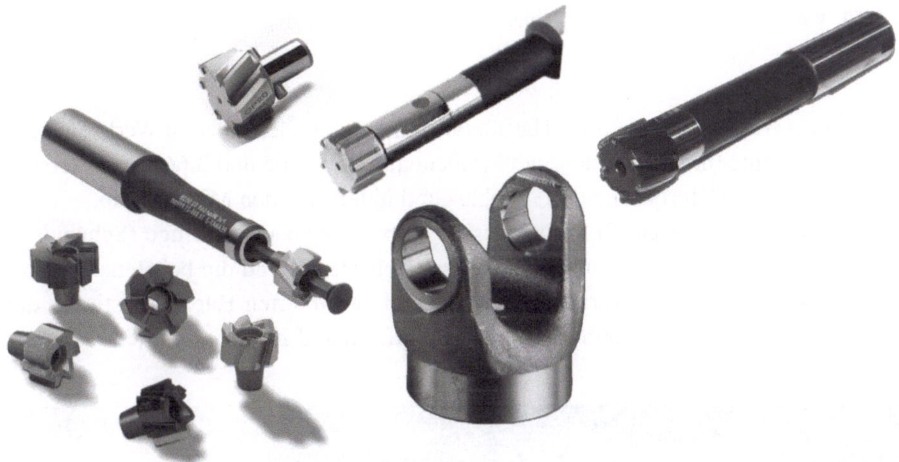

Abb. 3.63 Werkzeugsysteme (Quelle: KometGroup)

Eine weitere Anwendung von Zerspanungswerkzeugen zeigt Abb. 3.63. Bei diesen Werkzeugsystemen werden die Schneideinsätze entsprechend der Anwendung in genormten Systemen aufgenommen. Damit können die Werkzeugsysteme sehr flexibel auf unterschiedliche Bearbeitungen eingestellt werden.

Mit Wendeschneidplattenwerkzeugen kann eine Vielzahl von unterschiedlichen Geometrien realisiert werden, über die Zusammensetzung des Hartmetalls kann darüber hinaus gezielt Einfluss auf das zu bearbeitende Material und auch auf die angewandte Prozessführung (Schruppen, Schlichten, Innenbearbeitung, Außenbearbeitung) genommen werden, siehe Abb. 3.64.

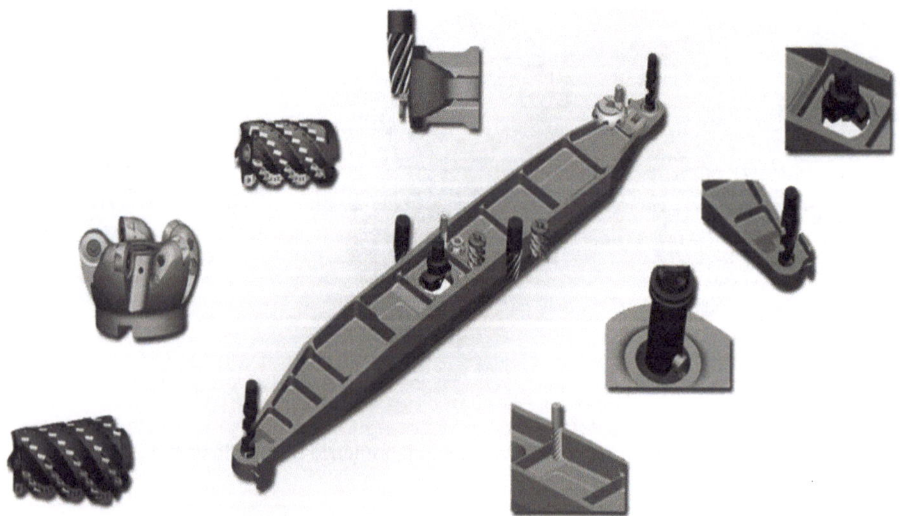

Abb. 3.64 Werkzeuge zur Bearbeitung einer Befestigungsspannte (Quelle: Kennametal Inc.)

Ein anderes Anwendungsfeld für Hartmetalle sind Schneideinsätze in Werkzeugen und Verschleißelemente für den Tunnel- und Straßenbau (Abb. 3.65 und 3.66), zum Herstellen von Bohrungen zur Ölförderung und im ober- und unterirdischen Minenabbau.

Der in Abb. 3.65 gezeigte Bohrkopf besitzt mehrere Abbauwerkzeuge (Schneidrollen und Schälmesser), die aus einem Warmarbeitsstahl bestehen und die bei Bedarf mit WC-haltigen Verschleißschichten verstärkt werden sowie gesinterten Hartmetallstiften, die je nach Anforderung unterschiedliche Anteile an Wolfram und Kobalt enthalten.

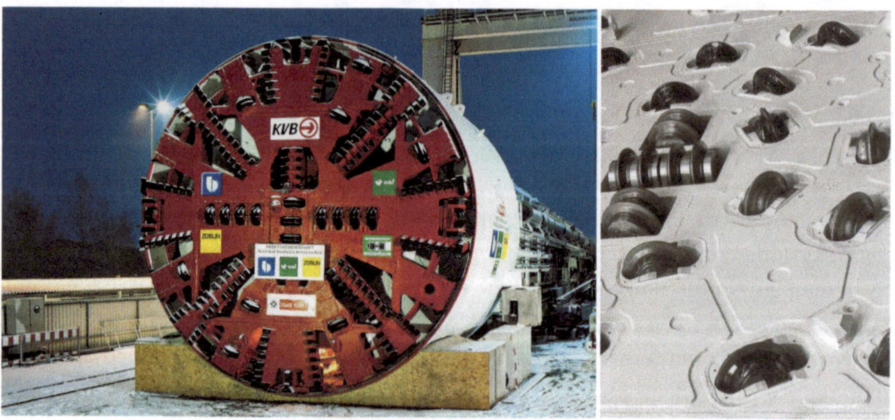

Abb. 3.65 Tunnelbohrkopf (Quelle: Herrenknecht AG, Schwanau-Allmannsweier)

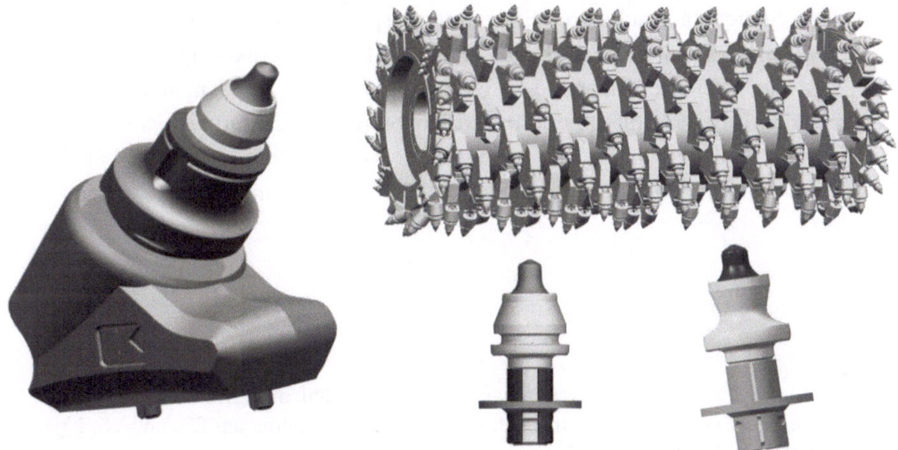

Abb. 3.66 Mehrfachfräswerkzeug mit Hartmetalleinsätzen für den Straßenbau (Quelle: Kennametal Inc.)

Ein Hartmetallwerkzeug zum Beschneiden von tiefgezogenen Bauteilen und eine Variation von Hartmetallschneidstempeln und Dornen zum Trennen und zum Feinschneiden zeigt Abb. 3.67.

Eine Besonderheit aus dem Bereich der Hartmetallwerkzeuge sind quasi binderfreie Hartmetalle, die einen Hartstoffanteil von mehr als 99 % besitzen. Sie werden als Formenmaterial zum Präzisionsblankpressen von mineralischen Gläsern verwendet. Um Oberflächenreaktionen mit dem Glas zu unterbinden, sind diese Werkstoffe häufig mit

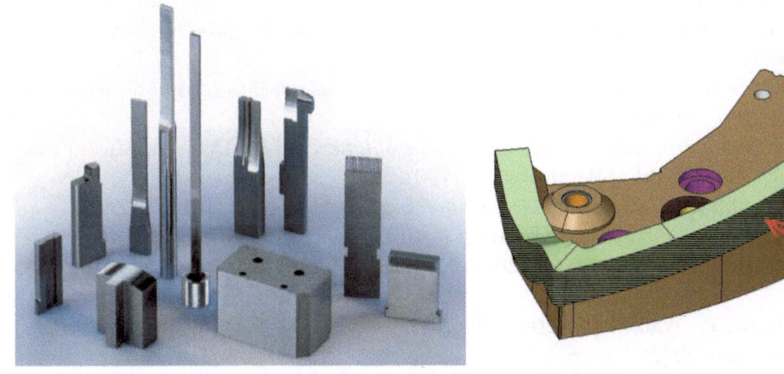

Schieber, Schneidbuchsen und Dorne aus Feinstkornhartmetall

HM-Schnittmessers in einer Tiefziehmatrize zum Beschneiden von Stahlblechen

Abb. 3.67 Schieber und Dorne aus Feinstkornhartmetall (Quelle, links: Zecha Hartmetallfabrikation) und integriertes Beschneidewerkzeug (Quelle: Audi AG)

Platin-Iridium Schichten beschichtet. Eine weitere, spezielle Anwendung sind Hartmetallmatrizen für die Diamantsynthese. Diese Hartmetalle sind feinkörnig und müssen sehr gleichmäßige Eigenschaften haben. Die Hartmetallmatrizen werden in Pressverbänden vorgespannt, damit bei Raumtemperatur und Umgebungsdruck Druckspannungen in der Synthesekavität vorliegen. Die Druckspannungen werden dann durch die bei der Diamantsynthese auftretenden Innendrücke und hohen Temperaturen durch Zugspannungen kompensiert.

Literatur

[Beis03] Beiss, P.: Mechanische Eigenschaften von Sinterstählen. In: *Pulvermetallurgie in Wissenschaft und Praxis*. Vorträge des Hagener Symposiums am 27. und 28. November 2003. Nr. 19, 2003, S. 3–23

[Bidu09] Bidulsky, R. et al.: Effect of Varying Carbon Content and Shot Peening upon Fatigue Performance of Prealloyed Sintered Steels. In: *J Mater Sci Technol 2009,* Vol. 25 Issue (05): 607-610

[DIN513] DIN ISO 513: *Klassifizierung und Anwendung von harten Schneidstoffen für die Metallzerspanung mit geometrisch bestimmten Schneiden – Bezeichnung der Hauptgruppen und Anwendungsgruppen.* Deutsches Institut für Normung (Hrsg.), Berlin: Beuth Verlag, 2014

[DIN3252] DIN EN ISO 3252: *Pulvermetallurgie - Begriffe.* Deutsches Institut für Normung (Hrsg.), Berlin: Beuth Verlag, 2001

[DIN3923] DIN EN ISO 3923: *Metallpulver – Ermittlung der Fülldichte – Teil 1: Trichterverfahren.* Deutsches Institut für Normung (Hrsg.), Berlin: Beuth Verlag, 2010

[DIN3927] DIN EN ISO 3927: *Metallpulver, mit Ausnahme von Hartmetallpulvern – Bestimmung der Verdichtbarkeit bei einachsigem Pressen.* Deutsches Institut für Normung (Hrsg.), Berlin: Beuth Verlag, 2011

[DIN4490] DIN EN ISO 4490: *Metallpulver – Ermittlung der Durchflussdauer mit Hilfe eines kalibrierten Trichters (Hall flowmeter).* Deutsches Institut für Normung (Hrsg.), Berlin: Beuth Verlag, 2009

[DIN8580] DIN 8580: *Fertigungsverfahren - Begriffe, Einteilung.* Deutsches Institut für Normung (Hrsg.), Berlin: Beuth Verlag, 2003

[DIN30910] DIN 30910: *Sintermetalle - Werkstoff-Leistungsblätter (WLB).* Deutsches Institut für Normung (Hrsg.), Berlin: Beuth Verlag, 1990

[Flod13] Flodin, A.: Material Matter. In: *Gear Solutions*, Bd. 2013, Nr. 2, 2013, S. 24

[Germ85] German, R. M.: *Liquid Phase Sintering,* 1. Aufl. Springer,1985

[Hmtg13] http://www.HMTG.de, Dezember 2013, Hartmetallgesellschaft, Bingmann GmbH & Co.

[Kauf13] Kauffmann, P.: Walzen pulvermetallurgisch hergestellter Zahnräder, *Dissertation,* RWTH Aachen, 2013

[Klin09] Klink, A.: Funkenerosives und elektrochemisches Abrichten feinkörniger Schleifwerk-zeuge, *Dissertation,* RWTH Aachen, 2009

[Kloc08] Klocke, F., König, W.: *Fertigungsverfahren Drehen, Fräsen, Bohren,* 8. Auflage, Springer Verlag, Berlin, Heidelberg, New York, 2008

[Moli11] Molinari, A. et al.: Surface modifications induced by shot peening and their effect on the plane bending fatigue strength of a Cr–Mo steel produced by powder metallurgy. In: *Materials Science and Engineering*, A. Bd. 528, Nr. 6, 2011, S. 2904–2911

[NN11] N. N.: *Werkstoffe und Verfahren*, Firmenschrift GKN Sintermetals, 2011

[Ohmo90] Ohmori, H.; Nakagawa, T.: Mirror Surface Grinding of Silicon Wafers with ELID, *Annals of CIRP*, Vol. 39/1, pp. 329-332, 1990

[Rile05] Riley, E.; Trasorras, J.: *Method and apparatus for densifying powder gears,* Schutzrecht Text PCT/US2005/011465 (letzte Aktualisierung: April 2005)

[Sari99] Saritas, S. et al.: Improvement of fatigue properties of Pm steels by shot peening. In: *Powder Metallurgy* Vol. 42. (2), 1999

[Scha07] Schatt, W.: *Pulvermetallurgie, Technologie und Werkstoffe*, Springer Verlag, Berlin, 2007

[Sche88] Schedler, W.: *Hartmetall für den Praktiker. Aufbau, Eigenschaften und industrielle Anwendungen einer modernen Werkstoffgruppe,* Hrsg. Plansee TIZIT GmbH, Düsseldorf, VDI-Verlag, 1988.

[Sigl07] Sigl, L.: Selective Surface Densification for high performance P/M Components. In: *Proceedings of Conf. on Powder Metallurgy and Particulate Materials,* Denver, 2007

[Tras06] Trasorras et al.: Method and apparatus for densifying powder gears, Schutzrecht Text 10/821,014

[Zapf77] *Zapf, G.*: VID-Berichte Nr. 227 (1977) 207

[Zapf81] *Zapf, G.*: Pulvermetallurgie. In: *Handbuch der Fertigungstechnik, Bd.1 Urformen*, Hrsg. G. Spur, Springer Verlag. München, Wien 1981

Pulverspritzguss 4

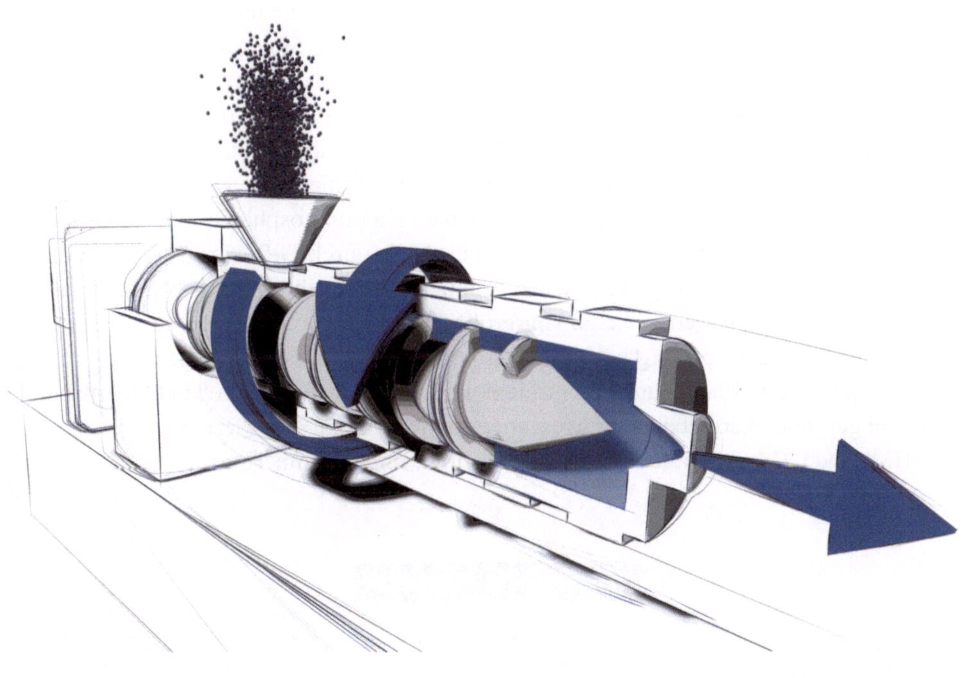

F. Klocke, *Fertigungsverfahren 5*, VDI-Buch,
https://doi.org/10.1007/978-3-662-54728-1_4

Pulverspritzguss (engl.: Powder Injection Moulding, PIM) ist eine Kombination aus den Fertigungsverfahren Kunststoffspritzgießen und Sintern. Der Kunststoffspritzguss zur Formgebung und auch das Sintern sind nach DIN 8580 den urformenden Fertigungsverfahren zugeordnet [DIN8580]. In dieser Logik gehört auch das Pulverspritzgießen zu den urformenden Fertigungsverfahren. Ausgangsmaterial für die Fertigung von Bauteilen ist der Feedstock. Hierbei handelt es sich um eine Mischung aus dem verwendeten Metallpulver (Metal Injection Molding, MIM) oder auch Keramikpulver (Ceramic Injection Molding, CIM) und dem verwendeten Kunststoffbinder, die vor der Verarbeitung im Spritzgussprozess granuliert wird. Im Folgenden wird vorzugsweise auf das Metallpulverspritzgießen (MIM) eingegangen (Abb. 4.1).

Die Kombination aus Kunststoffspritzguss und Sintern vereinigt die Haupteigenschaften beider Verfahren. Durch Kunststoffspritzgießen können filigrane Strukturen erzeugt werden, durch Sintern werden die Bauteileigenschaften zusätzlich gezielt eingestellt. Der Metallpulverspritzguss wird aufgrund der spezifischen Eigenheiten der beiden Teilverfahren „Spritzgießen" und „Sintern" für mittlere bis größere Stückzahlen und kleine bis mittlere Stückgewichte angewendet. Die Bauteile besitzen Endkontur.

In Abb. 4.2 sind die wesentlichen Prozessschritte gezeigt. Durch das Spritzgießen des Feedstocks entsteht ein Grünling. In der anschließenden Entbinderung wird zunächst der Kunststoffbinder entweder thermisch zersetzt oder durch die Verwendung von Lösemittel entfernt. Im Sinterprozess unter verschiedenen Sinteratmosphären oder im Vakuum wachsen die metallischen oder keramischen Füllstoffe durch Diffusion oder auch durch das Vorhandensein von flüssigen Phasen zusammen. Dabei schrumpft das Bauteil auf die Endgeometrie und es hat eine Dichte von größer 95 %. Dadurch werden hohe Festigkeiten erreicht. Die Schrumpfung beim Sintern wird in den Presswerkzeugen vorgehalten, sodass die geforderte Endgenauigkeit erreicht wird. Es können abschließend Oberflächenbehandlungen und Wärmebehandlungen angewendet werden. Die Verfahrenseigenheiten von MIM- und CIM-Technologien kommen dann besonders zum Tragen, wenn komplexe

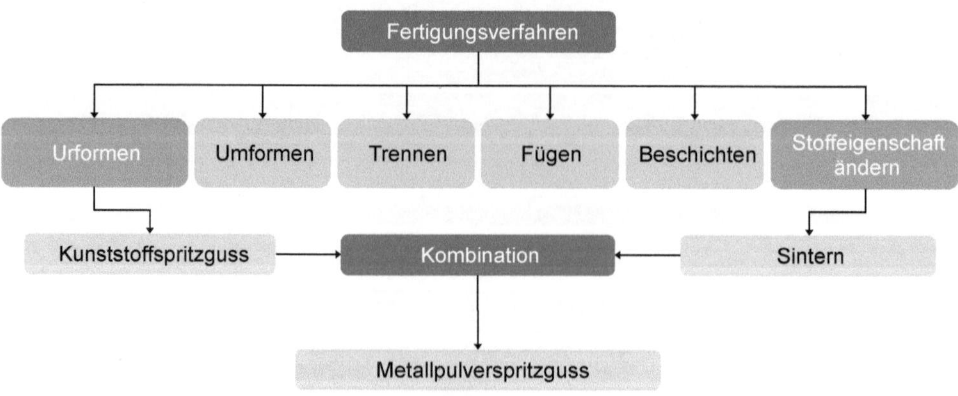

Abb. 4.1 Einordnung des Metallpulverspritzgusses (DIN 8580)

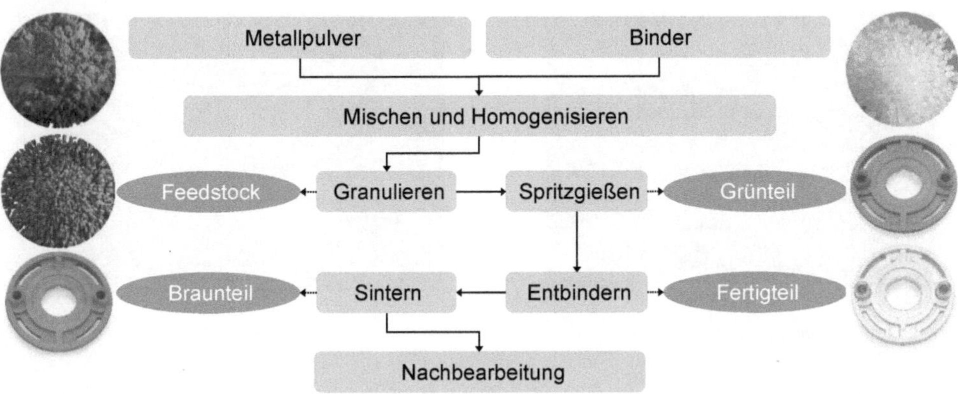

Abb. 4.2 Fertigungsschritte beim Metallpulverspritzguss (Quelle: Mimtec, DIN 8580)

und filigrane Bauteile in großer Stückzahl hergestellt werden müssen. In Sonderfällen können diese Technologien auch für mittlere Stückzahlen eine wirtschaftliche Alternative sein, insbesondere dann, wenn unterschiedliche Formelemente in einem Bauteil integriert und so Fügeverfahren eingespart werden können oder wenn, wie beim Sintern möglich, Metalllegierungen hergestellt werden sollen, die schmelzmetallurgisch nicht verarbeitet werden können.

4.1 Metallpulver

Ausgehend von den geforderten Bauteileigenschaften wird das Pulver ausgewählt. Geeignet sind grundsätzlich Pulver aus niedrig legierten Stählen, Einsatz- und Vergütungsstählen, rostfreien Stählen, Hartmetallen, Leichtmetallen auf Titan-Basis sowie Nickel-Basis-Werkstoffen und Kupfer bzw. Kupferlegierungen. Durch die Mischung von reinen Metallpulvern bzw. von vorlegierten Pulvern können vielfältige Legierungen durch Metallpulverspritzguss verarbeitet werden.

An die verwendeten Metallpulver werden unterschiedliche Anforderungen gestellt. Grundsätzlich gefordert sind eine ausreichende Sinteraktivität und eine geringe Partikelgröße, damit beim Spritzgießen eine ausreichende Fließfähigkeit realisiert werden kann und auch die Sinteraktivität erhöht wird. Als Richtwert kann angenommen werden, dass die Partikelgröße kleiner als ein Zehntel der kleinsten Wandstärke sein sollte. Des Weiteren ist für einen prozesssicheren Ablauf des Verfahrens auch die Partikelform entscheidend. Für den Metallpulverspritzguss sind sphärische Pulverformen vorteilhaft, damit im späteren Spritzgießprozess eine ausreichende Fließfähigkeit und eine gute Homogenität des Metallpulver-Binder-Gemisches vorhanden sind.

Die Metallpulverherstellung kann durch das Verdüsen von Metallschmelzen, durch chemische Verfahren sowie durch mechanische Aufbereitung erfolgen (Kap. 3). Für Pulver,

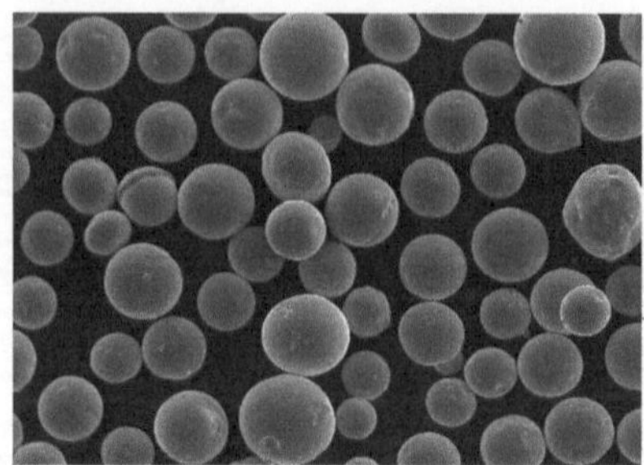

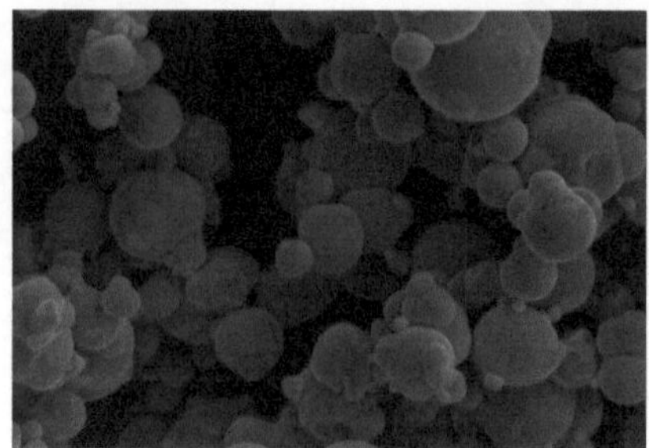

Gasverdüstes Fe-Pulver

Carbonyl-Fe Pulver

Abb. 4.3 Gasverdüstes Pulver und im Carbonylverfahren hergestelltes Eisenpulver für MIM Prozesse (Quelle: Höganäs AB)

die beim Metallpulverspritzguss Verwendung finden, ist vor allem die Gasverdüsung sowie bei den chemischen Verfahren das Carbonylverfahren von Bedeutung (Tab. 4.1 und Abb. 4.3). Bei der Gasverdüsung wird flüssige Schmelze in einem Inertgasstrahl zu Pulver zerstäubt. Das Carbonylverfahren ist ein chemisches Verfahren. Ausgangsmaterial ist Eisenfeinschrott, der in verschiedenen Stufen zu Eisenpulver umgewandelt wird.

Gasverdüste Eisenpulver für MIM-Verfahren weisen eine Partikelgröße kleiner als 25 µm auf, Carbonyleisenpulver weist eine Partikelgröße kleiner als 5 µm auf [Epma11, Basf10, Scha07].

4.2 Binder

An das Bindesystem werden im Detail vielfältige Anforderungen gestellt. Damit das Metallpulver mit dem Binder prozesssicher im Spritzgießprozess transportiert werden kann, ist eine gute Benetzung des Metallpulvers durch den Binder erforderlich. Es dürfen aber keine chemischen Reaktionen mit dem Sintergut stattfinden, die die Entbinderung erschweren würden. Außerdem sollte auch die Adhäsion des Binders gegenüber der Formkavität gering sein, um das Entformen nicht zu behindern und Entformschäden am Grünling zu vermeiden. Dem Binder werden in der Regel weitere Komponenten zugegeben,

Tab. 4.1 Verfahren zur Pulverherstellung für MIM

Verfahren	Rohstoffe
Gasverdüsung	nahezu alle Stähle
	Ni, Co, Mo, Cr-Basispulver
	Titanlegierungen
Carbonylverfahren	Fe und Ni

die z. B. die Schmierfunktion übernehmen. Die Bindefähigkeiten bestimmen im Wesentlichen die Grünfestigkeit des Bauteils. Der Binder muss durch Ausbrennen oder durch chemische Extraktion vollständig entfernt werden können, es dürfen keine Rückstände im Sintergut verbleiben und die Zersetzungsprodukte müssen unter Berücksichtigung der einschlägigen Arbeitsplatzverordnungen schadlos sein. Außerdem müssen Reaktionen zwischen Binder und Metall vermieden werden, um die Eigenschaften des Metallpulvers nicht zu beeinflussen. Die Bindersysteme sind vorwiegend auf Thermoplasten aufgebaut [Germ90].

4.3 Mischen, Homogenisieren und Granulieren

Metallpulver und Binder werden durch Mischen und Kneten bei erhöhter Temperatur homogenisiert. Die Legierung des Metallpulvers kann in einem vorgeschalteten Mischvorgang erfolgen, indem ein Grundpulver sowie die gewünschten Legierungselemente nacheinander der Mischeinrichtung zugeführt werden.

Eine wichtige Anforderung ist, dass Metallpulver und Binder während der Herstellung des Feedstocks homogen verteilt werden [Dows05]. Auf diese Weise können Fehler bei der Bauteilabbildung vermieden werden. Außerdem ist der volumetrische Pulveranteil (Pulverbeladung) eine wichtige Kenngröße. Bei einem zu großen Binderanteil ist die Grünfestigkeit nach dem Spritzgießen bzw. die Braunfestigkeit nach dem Ausbrennen des Binders nicht ausreichend, außerdem wachsen die Metallpulver beim Sintern nicht oder nur unvollständig zusammen. Ein zu geringer Binderanteil in der Mischung kann beim Abkühlen des Binders zur Bildung von Hohlräumen führen (Abb. 4.4). Die Verarbeitung nicht optimaler Mischungen/Feedstocks führt zu Prozessinstabilitäten und beeinflusst die Bauteilqualität.

Der optimale Pulveranteil bzw. das richtige Verhältnis von Metallpulver zu Binder ist entscheidend für einen stabilen Prozess. Der volumetrische Binderanteil sollte bei etwa $x_{Binder} = 40–60\ \%$ liegen. [Scha07]

Im kontinuierlichen Verfahren (Abb. 4.4) wird das Binder-Pulvergemisch plastifiziert, dann stranggepresst und anschließend granuliert. Kleine Mengen werden im Batch-Verfahren hergestellt.

Der Feedstock darf seine Eigenschaften während der Lagerung nicht verändern. Des Weiteren darf während des Spritzgießprozesses keine Phasentrennung von Metallpulver und Binder eintreten, damit eine homogene Formfüllung erreicht und eine gleichmäßige Phasenverteilung gewährleistet wird. Die Binderkomposition bestimmt auch die Schrumpfung. Nur wenn das Schrumpfungsverhalten bekannt ist und kontrolliert abläuft, kann es bei der Herstellung der Formkavitäten berücksichtigt werden. Ebenso muss der Feedstock eine geringe Adhäsionsneigung zum Werkzeugbaustoff haben, um fehlerfreies Entformen zu ermöglichen. Die Adhäsion des Grünlings in der Grenzfläche zum Werkzeug kann durch die Verwendung von Sprüh-Trennmitteln und Beschichtungen verringert

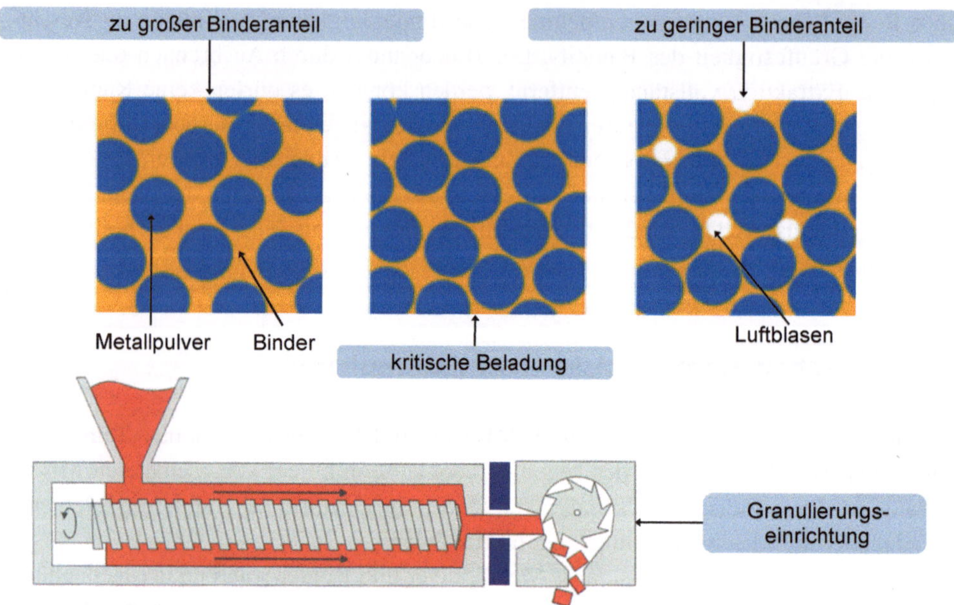

Abb. 4.4 Mischen und Homogenisieren der Binder/Mischung (Quelle: Mimtec, IMETA)

werden. Es ist möglich, die Angusssysteme des Feedstocks aufzubereiten und wieder in den Materialkreislauf zurückzuführen. Dies erhöht die Materialeffizienz.

4.4 Entbindern

Beim Entbindern werden thermische Verfahren, Lösungsmittelextraktion und katalytisch wirkende Verfahren angewendet. Die Entbinderung kann als mehrstufiger Prozess ausgelegt werden. In der ersten Stufe wird ein Lösungsmittel zugegeben, mit dessen Hilfe fortschreitend ein Großteil des Binderanteils chemisch aus dem Bauteil entfernt wird (Abb. 4.5). Es stellt sich eine offene Porosität im Bauteil ein.

Nach der chemischen Entbinderung erfolgt das Erwärmen des Bauteils auf bis zu 500 °C. Hierbei wird der restliche Binder thermisch zersetzt. In diesem Zustand bezeichnet man das Bauteil auch als Braunteil. [Scha07].

Ein von der BASF entwickeltes Verfahren arbeitet mit katalytischer Entbinderung [Scha07]. Das Bindersystem ist auf Polyacetal aufgebaut und die Entbinderung findet bei 110–140 °C in einem Ofen mit Stickstoffatmosphäre statt, die einige Prozent an Salpetersäure enthält. Die Auflösung des Binders verläuft von außen nach innen, dadurch wird kein Innendruck im Bauteil erzeugt [Bloe97].

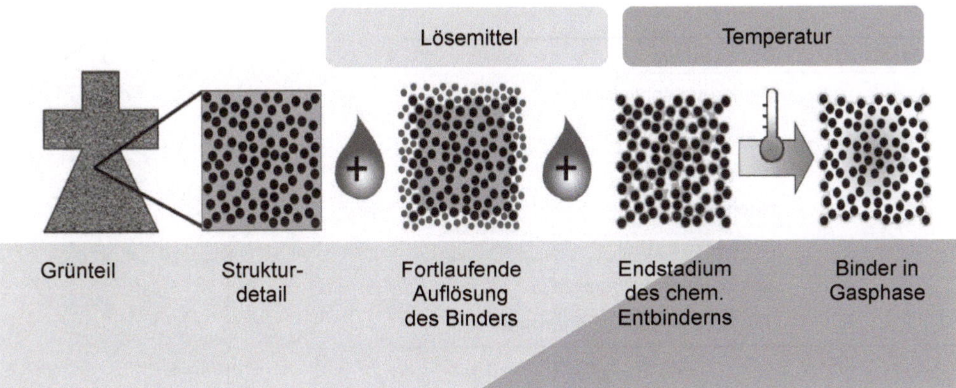

Abb. 4.5 Entbindern des Grünteils (Quelle: Fraunhofer IFAM)

4.5 Spritzgießen

Maschinentechnisch unterscheidet sich der Metallpulverspritzguss vom Kunststoffspritzguss im Wesentlichen durch die verwendete Extruderschnecke. Spritzgießmaschinen werden als Horizontalspritzmaschinen, in denen die Werkzeug-Trennebene vertikal angeordnet ist, und als Vertikalspritzgießmaschinen ausgeführt, bei denen die Werkzeug-Trennebene horizontal angeordnet ist [Mich99].

In ihren Hauptbauteilen besteht die Spritzgießmaschine aus Befüllungseinrichtung, Plastifizier- und Spritzeinheit, Schließeinheit, Spritzgießwerkzeug sowie Steuerung, Hydraulik und Elektronik (Abb. 4.6) [Mich99].

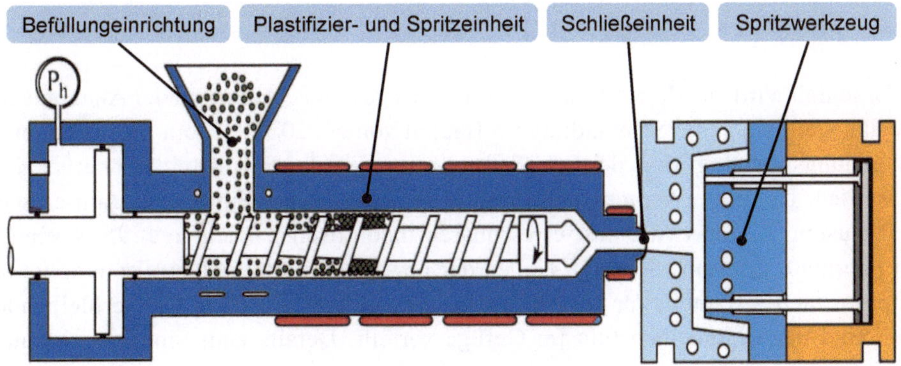

Abb. 4.6 Spritzgießmaschine (Quelle: IKV der RWTH Aachen)

Prozessschritt	Bezeichnung
1	Werkzeug schließen
2	Plastifizierung
3	Einspritzen
4	Nachdrücken
5	Schnecke zurück
6	Abkühlen und Dosieren
7	Werkzeug öffnen, Entformen

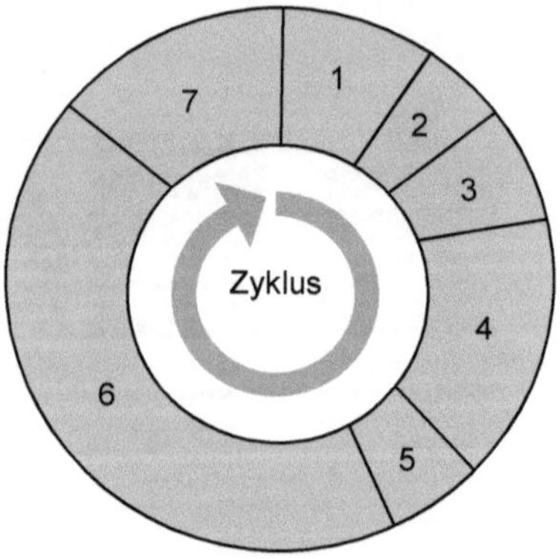

Abb. 4.7 Verfahrensablauf des Spritzgießens (Quelle: IKV der RWTH Aachen)

Der Spritzgießzyklus beginnt mit dem Schließen des Werkzeugs (Abb. 4.7). Die Plastifizierung der Mischung ist vom verwendeten Bindersystem abhängig.

Das Einspritzen der Masse in das Werkzeug erfolgt mit einem Volumenstrom von ungefähr $\nu = 100\ \mathrm{cm}^3/\mathrm{s}$ und einem Druck von ca. $p = 150$ MPa [Epma11]. Nach dem Befüllen der Kavität wird weiter Material nachgedrückt, um die Schwindung im Bauteil auszugleichen und um eine vollständige Formfüllung zu gewährleisten. Nach der Kühlphase wird das Werkzeug geöffnet und das Bauteil kann entformt werden. Eine zu schnelle Abkühlung in den randnahen Bereichen kann zu einer Verengung des Fließquerschnitts führen, was im ungünstigsten Fall zum vollständigen Verschließen des Fließkanals führt, ohne dass die Formfüllung abgeschlossen ist.

4.6 Sintern

Das Braunteil wird zur Herstellung des Fertigteils gesintert. Aufgrund der Abnahme der Porosität stellt sich eine Schwindung im Bauteil von ca. 20 Vol-% ein. Bei bekanntem Schwindungsverhalten kann der Schwindungsverzug in den Formkavitäten berücksichtigt werden. Durch die Verwendung feiner Pulver und hoher Sintertemperaturen wird die Diffusion verstärkt, was mit erreichbaren theoretischen Dichten > 95 % einhergeht [Germ90, Epma11, Scha07]. Neben der gewählten Metallpulvermischung ist die Restporosität des Bauteils für dessen Eigenschaften verantwortlich. Die verbleibenden Poren sind im Allgemeinen fein im Gefüge verteilt. Details zum Sintern siehe auch Kap. 3.

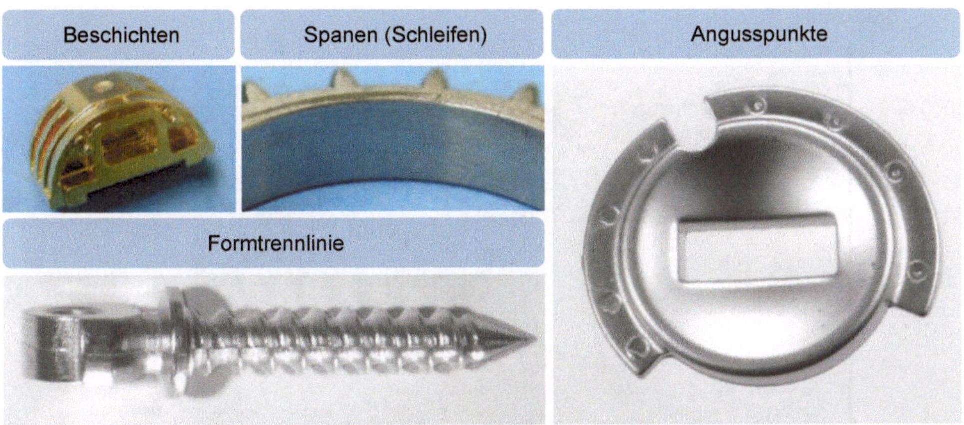

Abb. 4.8 Nachbearbeitung von MIM-Bauteilen (Quelle: Fraunhofer IFAM, Mimtec)

4.7 Nachbearbeitung

Trotz der endkonturnahen Fertigung können gegebenenfalls Nachbearbeitungen notwendig werden (Abb. 4.8). Dabei gibt es zum einen verfahrensspezifische Nachbearbeitungen wie z. B. das Entfernen von Angusskanälen und das Säubern der Angusspunkte. Weiterhin kann es notwendig sein, die Formtrennlinie nachzuarbeiten. Zum anderen gibt es in Abhängigkeit von den geforderten Bauteileigenschaften Folgeschritte, wie z. B. das Härten der Bauteile, das Schleifen, Polieren, Gewindeschneiden oder Beschichten.

4.8 Qualität und Wirtschaftlichkeit

Metallpulverspritzguss ist in erster Linie bei Bauteilen mit einer hohen Komplexität und bei großer Stückzahl eine Fertigungsoption (Abb. 4.9). Als Beispiele können Schließzylinderwellen, Uhrengehäuse, Herzklappenprothesen, Plomben und auch Zwischenhebel für Ventilsteuerungen genannt werden.

Die Qualität des Endproduktes hängt vor allem vom gewählten Design ab. Es ist erforderlich, Materialanhäufungen zu vermeiden, um die Gefahr von Lunkerbildung auszuschließen. Gleichzeitig sollten gleichmäßige Wandstärken realisiert und sanfte Querschnittsübergänge geschaffen werden, damit Sinterverzüge kontrolliert auftreten. Um Formstabilität zu gewährleisten, sind außerdem ebene Sinterflächen notwendig (Abb. 4.10). Ist dies nicht möglich, können mitschwindende Sinterstützen eingesetzt werden. [Epma11]

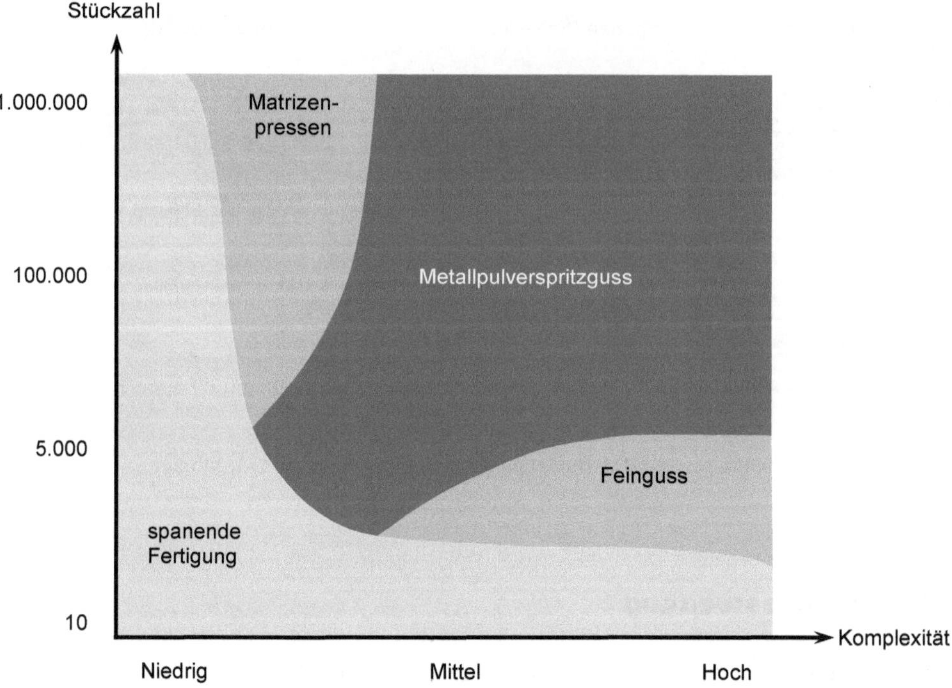

Abb. 4.9 Anwendungsbereiche der Fertigungsverfahren (Quelle: Mimtec)

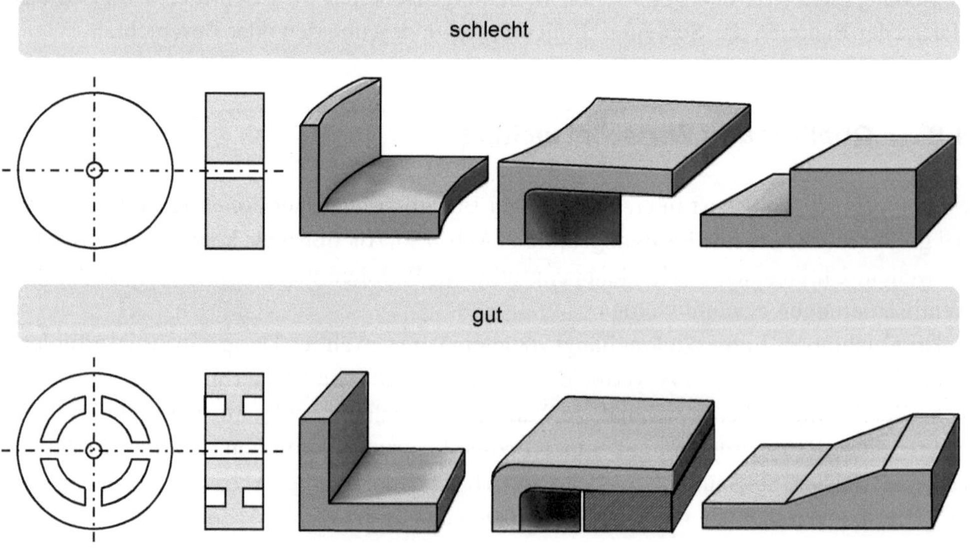

Abb. 4.10 Konstruktionsrichtlinien für MIM-Bauteile (Quelle: Mimtec, Schunck, GKN)

In Tab. 4.2 ist ein Vergleich der charakteristischen Qualitätsmerkmale im Vergleich mit dem Feinguss dargestellt. Hierbei handelt es sich aber nur um allgemeine Anhaltswerte.

Abb. 4.11 zeigt die grundsätzlichen Prozessschritte zum Herstellen von Steuerhebeln beim Feinguss und Metallpulverspritzguss.

Zur Veranschaulichung der Kosten, die beim Metallpulverspritzguss entstehen, ist in Abb. 4.12 exemplarisch die Kostenstruktur für ein Bauteil aus Fe50Ni mit einem Gewicht von 5 g, einer Ausbringung von 5000 Stück/Tag sowie einer Fertigungsauslastung von 25 % im Einschichtbetrieb dargestellt. Metallpulver, Sintern und Entbinderung verursachen die höchsten Kosten.

Zusammenfassend kann festgestellt werden, dass der Metallpulverspritzguss für viele Anwendungen eine prozesssichere Produktionstechnologie darstellt. Die Entwicklungen

Tab. 4.2 Vergleich zum Feinguss (Quelle: W. P. Barth, microfond, GKN)

Merkmale	Feinguss	Metallpulverspritzguss
Erreichbarer Mittenrauwert (Ra)	3,2 µm	1,6 µm
Erreichbare Rautiefe (Rz)	50 µm	40–20 µm
Werkzeugkosten	gering bis mittel	mittel bis hoch
Maximales Teilgewicht	5 kg	0,15 kg
Minimaler Bohrungsdurchmesser	2 mm	0,2 mm
Minimale Wanddicke	2 mm	0,3 mm

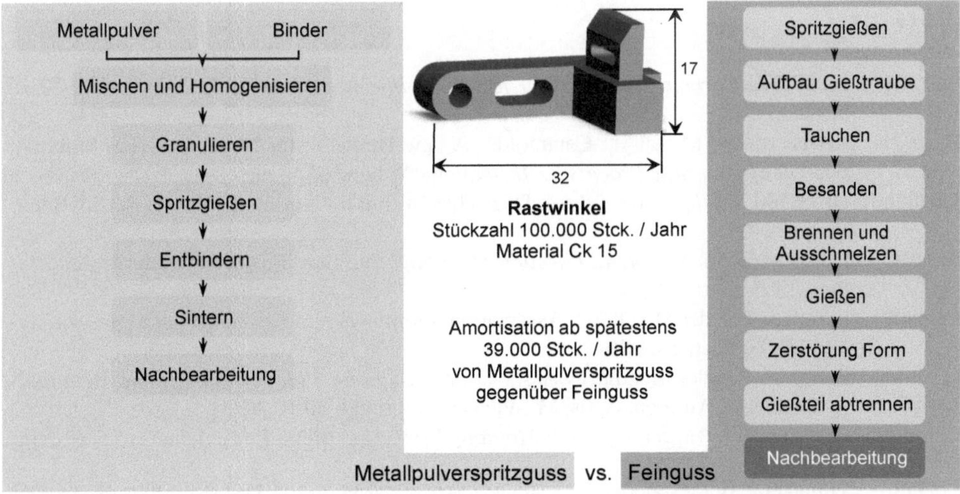

Abb. 4.11 Vergleich zwischen Metallpulverspritzguss und Feinguss (Quelle: GKN)

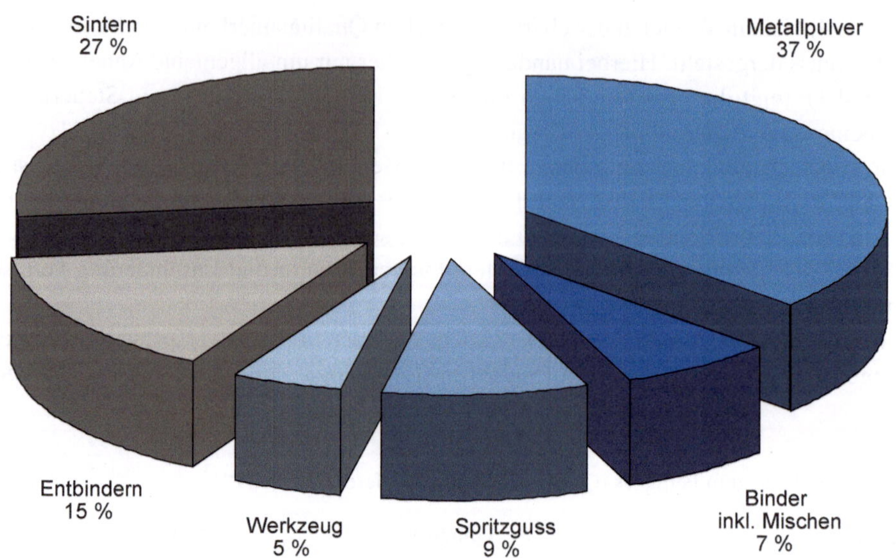

Abb. 4.12 Exemplarische Kostenaufteilung für Metallpulverspritzguss (Quelle: Fraunhofer IFAM)

von Verfahrensvarianten gehen schnell voran. Damit verschieben sich auch die wirtschaftlichen Grenzstückzahlen. Es sind Anwendungen für Stückzahlen von etwa 4000 bis zu mehreren hunderttausend Teilen pro Jahr bekannt.

Literatur

[Basf10] BASF SE, *Carbonyl Iron Powder for Metal Injection Molding*. Ludwigshafen, 2010, Firmenschrift

[Bloe97] Bloemacher, M. et al: Catamold – A new Direction for Metal Injection Molding. *Journal of Materials Processing Technology*, Volume 63, Issues 1–3, 1997

[DIN8580] DIN 8580: *Fertigungsverfahren*. Deutsches Institut für Normung (Hrsg.), Berlin: Beuth Verlag, 2003

[Dows05] Dowson, G. et al.: *Metal Injection Moulding*, European Powder Metallurgy Association, 2005

[Epma08] European Powder Metallurgy Association, *Introduction to Powder Metallurgie, Shrewsbury*, 2008, Firmenschrift

[Epma11] European Powder Metallurgy Association, *Design for PM, Vorlesungsreihe Metallpulverspritzguss*. Autoren: Actis, M.; Vicenzi, B. [Stand: 20.10.2011]

[Germ90] German, R.: *Powder Injection Molding*. Princeton: Metal Powder Industries Federation, 1990

[Mich99] Michaeli, W.: *Einführung in die Kunststoffverarbeitung*, München, Hanser Verlag, 1999

[Scha07] Schatt, W. et al.: *Pulvermetallurgie*. Berlin: Springer Verlag, 2007

Stichwortverzeichnis

F. Klocke, *Fertigungsverfahren 5*, VDI-Buch,
https://doi.org/10.1007/978-3-662-54728-1